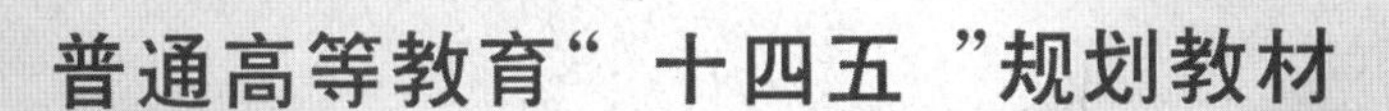

农学专业实验指导

Guidance of Agronomy Experiments

主　编　李保云　张海林

副主编　胡兆荣　袁旭峰　李芳军　尤明山

中国农业大学出版社
China Agricultural University Press
·北京·

内 容 简 介

农学专业实验是农学专业的核心课程之一，在农学专业本科生培养中占有极其重要的地位。农学专业实验指导包括种子学、作物育种学、耕作学、作物栽培学和作物生产系统工程的相关实验内容，是与种子学、作物育种学、耕作学、作物栽培学和作物生产系统工程等专业课程相配套的实验指导。

本书内容包括主要作物种子形态结构的观察、种子生活力和活力测定方法、主要农作物分类与形态识别方法、主要作物生长发育时期考察与分析方法、主要作物开花习性的观察及有性杂交技术、主要作物主要目标性状的鉴定方法、不同耕作制度及效益评价方法、主要作物栽培技术及作物系统优化方法等相关实验。

本书可作为全国高等农业院校及相关院校农学、作物遗传育种和种子科学与工程等专业的实验指导教材，还可作为相关科研院所作物耕作栽培和作物遗传育种者的参考资料。

图书在版编目（CIP）数据

农学专业实验指导 / 李保云，张海林主编．—北京：中国农业大学出版社，2020.7
ISBN 978-7-5655-2400-4

Ⅰ.①农…　Ⅱ.①李…　②张…　Ⅲ.①农学－实验－高等学校－教材　Ⅳ.①S3-33

中国版本图书馆 CIP 数据核字（2020）第 142230 号

书　名　农学专业实验指导
作　者　李保云　张海林　主编

策划编辑　张秀环　　**责任编辑**　洪重光
封面设计　郑　川
出版发行　中国农业大学出版社
社　　址　北京市海淀区圆明园西路 2 号　　**邮政编码**　100193
电　　话　发行部 010-62733489，1190　　读者服务部 010-62732336
编辑部 010-62732617，2618　　出　版　部 010-62733440
网　　址　http://www.caupress.cn　　**E-mail** cbsszs@cau.edu.cn
经　　销　新华书店
印　　刷　涿州市星河印刷有限公司
版　　次　2020 年 12 月第 1 版　　2020 年 12 月第 1 次印刷
规　　格　787×1092　　16 开本　　13.5 印张　　330 千字
定　　价　42.00 元

编委会名单

Editorial Board List

主　编　李保云　张海林

副主编　胡兆荣　袁旭峰　李芳军　尤明山

参　编　（按姓氏笔画排序）

尹小刚　闫建河　孙连军　苏　莹

杜金昆　杨晓琳　张义荣　张战营

陈源泉　赵　悦　鄂立柱　隋　鹏

解超杰　廖树华

前言 Foreword

随着我国经济、科技和教育事业的持续快速发展，传统的人才培养模式越来越难以适应经济社会发展的需求。“着眼国家发展和战略需要，深化高等教育体制改革，加强高等教育与经济社会的紧密结合，调整学科和专业结构，创新人才培养模式，建立教育培养与人才需求结构相适应的有效机制”（中发〔2003〕16号《中共中央国务院关于进一步加强人才工作的决定》）是国家对21世纪人才工作的要求。这就要求我们改变传统的人才培养模式，“建立教育培养与人才需求结构相适应的有效机制”，培养出不仅具备扎实的理论基础，还具备较强的实践技能和创新能力的创新型人才。在这种新形势下，为了加强农学专业在新时期对全面发展的合格创新人才的培养，中国农业大学农学院对农学专业本科生的教学体系进行了深入改革，创建了“两体系、三层次、模块化”实验实践教学体系，该教学体系于2009年获得国家级教学成果奖二等奖。

改革永远在路上。农学专业实验是农学专业“两体系、三层次、模块化”实验实践教学体系的核心课程之一，是农学专业知识体系实验实践能力和创新能力培养的重要组成部分，在农学专业本科生培养中占据重要地位。“两体系、三层次、模块化”实验实践教学体系的探索与实践，使学生的实验操作能力、理论联系实际能力和创新能力得到大大提高，培养的学生既有扎实的理论基础又有较强的实践能力和创新能力，为学生毕业后就业、创业和进一步深造奠定了良好的基础。但一直以来，我们虽然有科学系统的实验教学大纲和教学实践，对农学各专业实验进行了初步的有机整合，却没有对各专业实验教学内容进行编辑整理，以致缺少一部与农学专业实验实践教学体系配套的专业实验指导教材。

为了弥补没有农学专业实验教材的缺憾，我们组织中国农业大学植物生产类实验教学中心的专家，精编细选，科学整合，在实验实践教学活动的基础上，编成此书。本书既是农学专业实验实践教学体系长期实践研究的成果，也改变了长期以来农学专业有实验无系统教材的现状。

本实验指导整合了种子学、作物育种学、耕作学、作物栽培学和作物生产系统工程等学科的实验实践教学内容，在内容编排与体例上采用模块化结构，共分5个部分，分别与种子学、作物育种学、耕作学、作物栽培学和作物生产系统工程等课程相配套。本实验指导包括从种子的形态结构观察开始，到作物种类的鉴别，再到作物的杂交技术、性状鉴定技术、育种程序，再到作物耕作和栽培实验，最后到作物系统生产工程的实验内容。这样的排序，由微观到宏观，由内及外，符合学生的认知规律，方便学生系统掌握农学相关实验内容。

与其他农学相关实验指导相比，本书的主要特点是：①对农学专业实验进行精心整合，注重基础性和共通性。对不同作物实验中相同的实验内容进行精选，去粗取精，删繁就简，选择了农作物研究共用的、基础的、能举一反三的实验内容。②在体例上采用模块化，对农学专业实验进行科学分类和编排，注重科学性。③在实验内容中，融进了现代科学实验技术等，实现了传统农学专业实验和现代技术的有机结合，具有经典性与前瞻性。④部分实验指导选用了新绘的简明、直观的图片，图片对实验中涉及观察的内容进行了直观、生动的说明，全书图文并茂，科学性与趣味性结合。⑤首次将实验指导中的彩色图片、篇幅较大的图片等以二维码形式编入实验指导中，既节省了篇幅，又便于读者在学习过程中参考和查看。

通过这些实验操作，学生可掌握其中的实验原理和实验方法；掌握对实验结果进行深入分析的方法并能指导农业生产；提高学生理论联系实践的能力；增强学生解民生之多艰的使命感。

本实验指导可作为全国高等农业院校及相关院校农学、作物遗传育种和种子科学与工程等专业的实验指导教材，还可作为相关科研院所作物耕作栽培与作物遗传育种者的参考资料。

农学专业实验所涉及的领域广泛，由于作者们知识的局限性，书中难免有错漏和不当之处，恳请读者批评指正，以便在今后的修订中加以完善。

编　者

2020年5月6日

目录 Contents

第 1 部分

种子学实验

1-1　主要作物种子的形态和构造观察

一、实验目的

（1）观察不同作物种子/果实的外部形态和内部构造，了解不同作物种子/果实的形态特征。

（2）能够根据种子/果实的外观准确识别其所属作物，并能准确描述该作物种子的特征。

二、内容说明

种子形态和构造是识别和区分作物及种子的重要参考性状。本实验选用有代表性的作物种子，通过直接观察完整种子的外部形态和解剖观察种子的内部构造，了解不同作物种子的特征。主要作物种子的形态和构造观察是对农学专业学生的基本要求。

三、实验原理

通过肉眼及放大镜或解剖镜直接观察种子外部形态；通过解剖吸胀软化的种子，观察种子内部构造。

四、实验材料和用具

1. 材料

水稻、小麦、玉米、大豆、棉花、蓖麻、番茄、辣椒、甜菜、籽粒苋、松树等的种子/果实。

2. 用具

解剖镜、放大镜、解剖针、镊子、刀片、培养皿等。

五、实验步骤

1. 确定种子类型

根据植物形态学将农业种子分为5种类型：①包括果实及其外部附属物；② 包括果实的全部；③ 包括种子及果实的一部分；④ 包括种子的全部；⑤ 包括种子的主要部分。

2. 种子外部形态观察

利用解剖镜或放大镜观察种子外部形态：种子籽粒外部有无附属物，果皮和种皮上的构造（花柱残迹、果脐、种脐、种孔、脐条、种阜等）。

3．种子内部构造观察

取吸胀软化的种子，用刀片和解剖针将种子剖开，仔细观察如下项目：果皮和种皮部位，胚乳的有无及胚乳的多少，胚的位置、形状、大小和比例等。

4．观察不同类型种子胚的构造

（1）偏在型胚　水稻、小麦及玉米种子，可见胚体较小，子叶盾状，胚体斜生于种子侧基部。

（2）弯曲型胚　豆科种子，可观察到胚根至胚芽轴线弯曲呈钩状。

（3）折叠型胚　棉花种子，可见种子内部反复折叠的两片大而薄的子叶。

（4）直立型胚　蓖麻种子，可见整个胚直生，胚轴与种子纵轴一致，两片薄子叶嵌生于胚乳中央。

（5）螺旋型胚　番茄或辣椒种子，可见胚体瘦长，盘旋呈螺旋状，胚体周围有胚乳。

（6）环状型胚　籽粒苋或甜菜种子，可见胚嵌生于胚乳中，呈环状，子叶与胚根几乎相接。

（7）多子叶型胚　松子，可见胚着生于胚乳内空腔中，胚体直生，顶端具有多子叶，排列成环，胚根下部可见胚柄残迹。

六、实验作业

绘出不同种子外部形态和内部构造图，并准确标明各部分名称。

（解超杰）

1-2 种子扦样与净度分析

一、实验目的

（1）掌握种子检验的基本内容和程序，学会正确使用扦样器和分样器。

（2）了解种子净度分析流程和技术，掌握净度分析的基本步骤和计算方法。

二、内容说明

种子检验是了解种子质量，评价种子种用价值的重要依据。学习种子检验的重点是掌握种子检验的操作规程。本实验在全面介绍种子检验内容的基础上，重点介绍扦样的原理和扦样器及分样器的使用方法；净度分析的原理和分析流程；如何根据在净度分析过程中称量的数据计算种子样品各组分的含量。

三、实验原理

（1）种子检验是对种子样品的质量状况进行分析测定，需要用适当的方法获得有代表性的样品，这个过程就是扦样。扦样要使用专门的工具，用于袋装种子扦样的工具是单管扦样器。通过观察和实际操作了解单管扦样器的结构和使用方法。

（2）在种子检验中常常需要从样品中分取次级样品，需要使用专门的分样器具，通过观察和操作了解圆锥分样器的结构和使用方法。

（3）种子净度就是种子的清洁干净程度，是指种子样品中净种子、其他植物种子和杂质 3 种组分的质量比例。根据种子检验规程中规定的净种子、其他植物种子以及杂质的定义对试验样品进行分析，分离出净种子、其他植物种子和杂质，据此计算各组分的质量比例。

四、实验材料和用具

1. 扦样

材料：袋装小麦、玉米种子。

用具：单管扦样器、分样器、样品袋、分样板。

2. 净度分析

材料：小麦种子送验样品 1 份。

用具：净度分析工作台、分样器、分样板、天平（感量 0.1 g、0.01 g、0.001 g）、陶瓷盘、镊子、放大镜、小盘。

五、实验步骤

1. 扦样步骤

(1) 练习使用单管扦样器从小麦或玉米种子袋中扦取初次样品。

(2) 练习使用分样器或分样板随机分取种子样品。

2. 净度分析步骤

(1) 送验样品的称重和重型混杂物的检查　将送验样品在天平上称重，得出送验样品的质量 M。然后将送验样品倒在光滑的陶瓷盘中，挑出重型混杂物。重型混杂物是与供检种子在大小或质量上明显不同且严重影响净度结果的混杂物，包括其他植物种子（如大粒种子）和杂质（如土块、小石块）。分别称出其他植物种子质量 m_1 和杂质质量 m_2。m_1 与 m_2 之和为重型混杂物总质量 m（$m=m_1+m_2$）。

(2) 试验样品的分取　先将送验样品混匀，再用分样器分取规定质量的试验样品（试样）1 份。用天平称试样质量。

(3) 试样的分析　将符合质量要求的试样倒在净度分析工作台上进行分析鉴定，区分出净种子、其他植物种子、杂质，分别放入不同的小盘中。

(4) 各组分称重　将分析得到的净种子、其他植物种子、杂质分别称重，得到净种子质量 m_P，其他植物种子质量 m_{OS} 和杂质质量 m_I。

(5) 结果计算　首先核查分析后得到的三个组分的质量之和（$m_P+m_{OS}+m_I$）与试验样品原始质量之差不得超过原始质量的 5%。

然后分别计算净种子的百分率（P）、其他植物种子的百分率（OS）及杂质的百分率（I）。

$$P=\frac{m_P}{m_P+m_{OS}+m_I}\times 100\%$$

$$OS=\frac{m_{OS}}{m_P+m_{OS}+m_I}\times 100\%$$

$$I=\frac{m_I}{m_P+m_{OS}+m_I}\times 100\%$$

对于带有重型混杂物的送验样品，采用下列计算公式进行换算。

$$P'=P\times\frac{M-m}{M}$$

$$OS'=OS\times\frac{M-m}{M}+\frac{m_1}{M}\times 100\%$$

$$I'=I\times\frac{M-m}{M}+\frac{m_2}{M}\times 100\%$$

式中：P、OS、I 分别为试验样品（除去重型混杂物）的净种子百分率、其他植物种子百分率及杂质百分率；

P'、OS′、I'分别为最终的净种子百分率、其他植物种子百分率及杂质百分率；

$m_1/M\times 100\%$为重型混杂物中其他植物种子的百分率；

$m_2/M\times 100\%$为重型混杂物中杂质的百分率。

按照规程规定，各组分百分数计算结果保留1位小数，三组分百分率相加应为100.0%，如果为99.9%或100.1%，在最大的组分百分率（通常即为净种子百分率）上增减0.1%，使三组分百分率之和为100.0%。此修约值仅为0.1%，如果修约值大于0.1%，要检查计算中的错误。

六、实验作业

填写净度分析结果报告单（表1-2-1），净度分析最后结果精确到1位小数。如果一种组分的百分率低于0.05%，就填报“微量”；如果一种组分结果为零，就填报“0”。

表1-2-1　净度分析结果报告单

作物名称：　　　　　　　　　　　　学名：

项目	组分		
	净种子	其他植物种子	杂质
百分率/%			
备注			

（解超杰）

1-3 种子水分测定和发芽试验

一、实验目的

（1）掌握油菜、小麦和玉米等不同大小种子标准发芽技术规定中关于发芽床、发芽温度、发芽持续时间等的具体内容；掌握不同发芽床准备方法；熟悉幼苗鉴定标准，能区别正常幼苗和不正常幼苗；区别硬实、新鲜不发芽种子和死种子。

（2）掌握高/低恒温烘箱法测定种子水分含量的技术规定；了解高恒温烘箱法和低恒温烘箱法的烘干温度和烘干时间；了解需要磨碎种子的具体规定和粉碎细度要求；掌握高恒温烘箱法测定种子水分含量的操作过程和注意事项。

二、内容说明

1. 发芽试验

选择油菜、小麦、玉米种子作为小粒、中粒和大粒种子的代表，分别选择纸上、纸间和砂床作为发芽试床。按照要求准备发芽床。选择合适的发芽温度。发芽试验种子样品置于调好温度和光照的培养箱中。经过规定的发芽持续时间后进行幼苗鉴定和结果统计。

2. 种子水分测定

采用高恒温烘箱法测定小麦种子含水量。事先粉碎小麦种子样品，称取规定质量的样品，置于规定温度的烘箱中烘干 1 h，根据烘干前后种子样品的质量差计算种子含水量。

三、实验原理

1. 发芽试验

按照农作物种子标准发芽技术规定，创造种子发芽最适宜的条件，测定种子最大发芽潜力。根据不同种子的要求，选择适宜的发芽床和发芽温度，经过规定的发芽持续时间后，测定种子样品的最大发芽潜力。

2. 种子水分测定

烘干减重法测定种子水分含量是按照规定的烘干温度和烘干时间烘干种子样品，去除种子样品中的自由水和束缚水，计算种子样品烘干所失去的质量占种子样品原始质量的比例。

四、实验材料和用具

1. 发芽试验

材料：玉米、小麦、油菜种子。

用具：发芽盒、发芽纸、灭菌砂、镊子。

2. 种子水分测定——高恒温烘箱法（130～133℃烘箱法）

材料：粉碎的小麦样品，小麦、水稻、大豆、玉米等种子。

用具：烘箱、天平、样品盒、干燥器、粉碎机、手套、电容式种子水分测定仪。

五、实验步骤

1. 发芽试验步骤

(1) 纸上（TP）发芽方法　油菜种子发芽方法按照油菜种子发芽技术规定（TP，15～20℃、20℃）进行纸上发芽试验。采用方形发芽盒，垫入2～3层发芽纸，加水浸湿，每盒播入100粒种子，2次重复，放入光照培养箱中在规定温度和光照下培养。第7天统计正常幼苗，不正常幼苗，硬实、新鲜不发芽种子和死种子数量。

(2) 纸间（BP）发芽方法　小麦种子发芽方法按照小麦种子发芽技术规定（TP、BP、S，20℃）进行纸间发芽试验。将2张发芽纸（36 cm×24 cm）预湿，平铺1张在实验台上，在其上均匀放置100粒种子，再覆盖另1张湿润发芽纸，将长边底部折起2 cm，从左边（或右边）卷起发芽纸，用橡皮筋扎住，竖直放置于大烧杯中，4次重复。套上透明塑料袋，放入光照培养箱中在规定温度和光照下培养。第7天统计正常幼苗，不正常幼苗，硬实、新鲜不发芽种子和死种子数量。

(3) 砂床（S）发芽方法　玉米种子发芽方法按照玉米种子发芽技术规定（BP、S，20～30℃、25℃、20℃）进行砂床发芽试验。采用长方形发芽盒，将高温灭菌砂调至适宜含水量（80%饱和持水量），装入方形发芽盒内，厚度2～3 cm。然后均匀播入50粒种子，再覆上1.5～2 cm湿砂，盖上盖子，放入光照培养箱中在规定温度和光照下培养。第7天统计正常幼苗，不正常幼苗，硬实、新鲜不发芽种子和死种子数量。

2. 种子水分测定步骤

(1) 把烘箱温度调到140～145℃，预热。

(2) 取2个预先烘干并在干燥器中冷却的样品盒称重，记下盒号和质量，然后称取试样2份，每份4.5～5.0 g，放入样品盒内，盖上盖，做好记录。

(3) 打开样品盒盖放于盒底，迅速放入预热的烘箱内，关上烘箱门，设置烘箱温度130～133℃。待烘箱温度回升至130℃时，开始计时，保持130～133℃，烘干1 h。

(4) 达到规定烘干时间后，打开烘箱，在烘箱内将盒盖盖好，迅速放入干燥器内冷却。冷却后称重，记录结果。

(5) 计算。种子样品含水量计算公式为：

$$\text{含水量}=\frac{\text{烘干前样品质量}-\text{烘干后样品质量}}{\text{烘干前样品质量}}\times 100\%$$

含水量百分率保留小数点后1位。

（6）若样品两个重复之间含水量相差不超过0.2%，计算两个重复的平均值作为该样品的含水量。否则重新测定。

六、实验作业

1. 发芽试验结果计算

实验结果以粒数百分率表示。计算每个重复的正常幼苗，不正常幼苗，硬实、新鲜不发芽种子和死种子百分率，重复间百分率差距在容许差距范围内，则计算平均值，百分率保留整数。正常幼苗，不正常幼苗，硬实、新鲜不发芽种子和死种子百分率总和必须为100%。

填报正常幼苗，不正常幼苗，硬实、新鲜不发芽种子和死种子百分率，假如其中任何一项结果为零，就填报“0”。同时填报采用的发芽床和发芽温度、试验持续时间和促进发芽所采用的处理方法。

2. 种子水分测定结果计算

记录水分测定样品烘干前、后的质量，分别计算2份样品的含水量。

种子含水量的计算公式见前述（第9页）。

若样品两个重复之间含水量相差不超过0.2%，计算两个重复含水量的平均值作为该样品的含水量。

（解超杰）

1-4 种子生活力和活力测定

一、实验目的

(1)了解四唑染色法测定种子生活力的原理和实验技术；掌握四唑染色法测定种子生活力的测定方法和实验操作要点，以及判断种子生活力的标准。

(2)了解电导率测定法测定种子活力的方法原理；掌握电导率测定法检测种子活力的原理和实验操作要点。

二、内容说明

1．四唑染色法测定种子生活力

种子生活力测定有多种不同的方法。本实验选择普遍使用的四唑染色法。将玉米种子浸种软化，随机数取规定数量的种子样品，沿着垂直于胚的方向将种子纵切，浸入0.1% 2，3，5-氯化三苯基四氮唑（TTC）溶液中；在规定的温度条件下染色一段时间，检查种子胚面染色情况；根据胚染色结果判断种子是否具有生活力。

2．电导率测定法测定种子活力

电导率测定法是检测种子活力诸多方法之一。随机数取规定数量的玉米种子，称重，放入无离子水中浸泡。测定种子浸泡液电导率，据此评价种子活力。

三、实验原理

1．四唑染色法测定种子生活力

种子生活力是指种子发芽的潜在能力。四唑染色法的原理是无色TTC被种子吸收后，在种子组织活细胞内脱氢酶作用下，吸收活细胞代谢过程中的氢，在活细胞中变成红色物质，根据种子胚和活的营养组织的染色部位及颜色状况，鉴定种子是否具有生活力。

2．电导率测定法测定种子活力

电导率测定法检测种子活力的原理是种子活力与种子细胞膜修复能力有关。在种子吸胀过程中，细胞膜修复能力影响种子细胞内电解质渗出程度，膜修复越快，渗出物越少，种子浸泡液电导率越低。因此，高活力种子浸泡液电导率低，而低活力种子电导率较高。

四、实验材料和用具

1. 四唑染色法测定种子生活力

材料：玉米种子，0.1% TTC溶液。

用具：镊子、刀片、试管、烧杯、水浴锅、放大镜、解剖镜。

2. 电导率测定法测定种子活力

材料：普通玉米和甜玉米种子，去离子水。

用具：电导率仪、烧杯、电子天平。

五、实验步骤

1. 四唑染色法测定种子生活力

(1) 取200粒种子（100粒/重复），放入30℃水中浸泡12 h，软化种子。

(2) 用刀片沿垂直于胚的方向将种子纵切，放入0.1% TTC溶液中，于35℃染色0.5～1 h。

(3) 利用放大镜或解剖镜检查种子染色结果，根据胚染色情况判断种子是否具有生活力。

(4) 计算2个重复样品种子生活力百分数。如重复间结果未超过最大容许差距，报告平均生活力百分数，结果保留整数；如超过最大容许差距，需重新实验。

2. 电导率测定法测定种子活力

(1) 随机分别数取100粒普通玉米种子和甜玉米种子，50粒为1个重复。精确称量每个重复种子质量（精确至0.01 g）。

(2) 将称重的试样放入盛有250 mL去离子水的烧杯中，确保种子完全浸没。用铝箔将烧杯盖好，室温下放置24 h。空白对照为无种子的250 mL去离子水。

(3) 启动电导率仪，待仪器稳定后，测定对照的电导率，清洗电极后测定样品浸出液的电导率。轻微摇晃盛有种子的烧杯，移去铝箔，将测定电极浸入溶液（注意电极不要接触种子），待测定值稳定后记录。测定一个样品后，用去离子水冲洗电极，用滤纸吸干，再测下一个样品。

(4) 结果计算。计算每个重复的种子浸出液电导率［μS/(cm·g)］。计算公式为：

$$\text{电导率}=\frac{(\text{每烧杯样品的电导率}-\text{对照电导率})\ (\mu S/cm)}{\text{种子样品的质量}\ (g)}$$

实验结果为测定种子电导率的平均值。

六、实验作业

撰写实验报告。

（解超杰）

1-5 种子纯度测定——玉米种子盐溶蛋白聚丙烯酰胺凝胶电泳法

一、实验目的

了解玉米种子盐溶蛋白聚丙烯酰胺凝胶电泳法测定种子纯度的原理，掌握玉米种子盐溶蛋白提取方法、聚丙烯酰胺凝胶制备方法、电泳程序、染色方法和蛋白电泳谱带鉴别方法。

二、内容说明

选择玉米杂交种种子，分单粒粉碎，提取玉米种子盐溶蛋白。采用乳酸-乳酸钠缓冲系统酸性聚丙烯酰胺凝胶电泳分离玉米种子盐溶蛋白。经过考马斯亮蓝染色，比较单粒种子电泳谱带特征和一致性，计数供检样品粒数和非本品种粒数，据此测定种子纯度。

三、实验原理

不同品种种子的储藏蛋白组成有差异。利用聚丙烯酰胺凝胶电泳分离玉米种子盐溶蛋白，不同品种种子电泳谱带特征不同，据此可以区分不同品种，鉴定品种纯度。

四、实验材料、用具和试剂

1. 材料

玉米杂交种种子。

2. 用具

电泳仪、垂直板电泳槽、单籽粒粉碎器、离心机、离心管（1.5 mL）、离心管架、移液器、摇床、观片灯等。

3. 试剂

丙烯酰胺、N，N′-亚甲基双丙烯酰胺、乳酸、乳酸钠、甘氨酸、抗坏血酸、硫酸亚铁、氯化钠、蔗糖、甲基绿、三氯乙酸、过氧化氢、考马斯亮蓝 R250。

4. 溶液配制

（1）样品提取液：称取氯化钠 5.80 g、蔗糖 200.0 g、甲基绿 0.15 g，倒入 1 000 mL 烧杯中，加去离子水 800 mL 溶解，加热至微沸，放至室温，用去离子水定容至 1 000 mL，4℃下保存。

（2）3%过氧化氢溶液：取30%的过氧化氢4 mL，加36 mL去离子水，贮于棕色瓶中，4℃下保存。

（3）分离胶缓冲液：取1.43 mL乳酸钠于1 000 mL烧杯中，加去离子水980 mL，用乳酸（5.8～6.0 mL）调至pH 3.0，再加去离子水定容至1 000 mL，贮于棕色瓶中，4℃下保存。

（4）分离胶溶液：称取丙烯酰胺112.50 g、N，N′-亚甲基双丙烯酰胺3.75 g、抗坏血酸0.25 g、硫酸亚铁8.0 mg（或硫酸亚铁溶液，称取0.8 g硫酸亚铁，定容至100 mL容量瓶，吸取1 mL即可），用分离胶缓冲液溶解，再用分离胶缓冲液定容至1 000 mL，过滤于棕色瓶中，4℃下保存。

（5）电极缓冲液：称取甘氨酸6.00 g，倒入2 000 mL烧杯中，加入1 800 mL去离子水溶解，用2.0～4.0 mL乳酸调至pH 3.3，再加去离子水定容至2 000 mL，混匀。

（6）染色液：称取2.00 g考马斯亮蓝R250，在研钵中逐渐加入100 mL无水乙醇研磨溶解，过滤于棕色瓶中。取10 mL该溶液，加入200 mL 10%（W/V）的三氯乙酸溶液中，混匀。

五、实验步骤

1. 样品准备

随机取玉米杂交种种子20粒，用单籽粒粉碎器粉碎，放入1.5 mL离心管中；加入适量的样品提取液，摇匀；放置5 min后，再摇一次；20 min后，离心15 min（5 000 r/min），取上清液用于电泳。

2. 组装胶室

将洗净晾干的方板与凹板按照说明组装成电泳胶室，两边用夹子固定。

3. 封底缝

取适量分离胶溶液于方盘中，加入适量3%过氧化氢溶液（一般每10 mL分离胶溶液加40 μL 3%过氧化氢溶液），迅速摇匀，将胶室底边浸入分离胶，然后快速取出，放平，约5 min后凝胶凝固，封住底部。

4. 灌分离胶

量取分离胶溶液适量，加入3%过氧化氢溶液（一般每20 mL分离胶溶液加3%过氧化氢20 μL）迅速摇匀；倾斜胶室，将分离胶溶液倒入两玻璃板之间，马上插好样品梳。5～10 min后凝结完成，小心拔出样品梳并将样品槽清理干净。

5. 组装电泳槽

按照说明组装电泳槽，在上槽和下槽中加入适量电极缓冲液，确保上槽中电极缓冲液液面高于点样孔，下槽中电极缓冲液液面高于胶室底边。

6. 点样

用移液器在点样孔中加入不同籽粒样品上清液15～20 μL。

7. 电泳

加样完毕后，将电源线正极接上槽，负极接下槽，接通电源，200 V稳压电泳；待甲基绿指示剂迁移适当距离后，关闭电源。

8. 卸胶染色

从电泳槽内取出胶室，启开玻璃板，取出胶片，浸入染色液中；置于摇床上染色2～4 h。

9. 观察记录

取出染色后的胶片，放入玻璃盘中清洗；然后置于观片灯上观察，鉴定胶片上电泳谱带特征和一致性；计数供检样品粒数和非本品种粒数，并记录结果。

六、实验作业

撰写实验报告。

（解超杰）

参考文献

1. 胡晋. 种子学. 北京：中国农业出版社，2014.

2. 尹燕枰，董学会. 种子学实验技术. 北京：中国农业出版社，2008.

3. 国家技术监督局. 中华人民共和国国家标准　GB/T 3543.1～7—1995　农作物种子检验规程. 北京：中国标准出版社，1995.

4. 中华人民共和国农业部. 中华人民共和国农业行业标准　NY/T 449—2001　玉米种子纯度盐溶蛋白电泳鉴定方法. 北京：中国标准出版社，2001.

第 2 部分

作物育种学实验

2-1　小麦变种和品种的鉴定与识别

一、实验目的

（1）熟悉小麦属物种的分类依据。

（2）熟悉鉴定小麦变种和品种的方法。

二、内容说明

1．小麦属物种的分类

普通小麦（*Triticum aestivum* L.）是种植范围最为广泛的小麦属（*Triticum*）栽培物种，占世界小麦种植面积的95％以上，因此通常简称为小麦。除此之外，小麦属还包括其他许多物种。综合前人的形态学、遗传学分类结果，我国学者董玉琛提出将小麦属分为5个系、22个种的分类体系（表2-1-1）。

表2-1-1　小麦属物种（董玉琛等，2000）

系	染色体组型	驯化类型	种	
			学名	中文名
一粒系(Einkorn)	A^u	野生、带皮	*T. urartu* Tum.	乌拉尔图小麦
	A^m	野生、带皮	*T. boeoticum* Boiss.	野生一粒小麦
	A^m	栽培、带皮	*T. monococcum* L.	栽培一粒小麦
二粒系(Emmer)	BA^u	野生、带皮	*T. dicoccoides* Körn.	野生二粒小麦
	BA^u	栽培、带皮	*T. dicoccum* Sch.	栽培二粒小麦
	BA^u	栽培、带皮	*T. ispahanicum* Heslot	伊斯帕汗二粒小麦
	BA^u	栽培、带皮	*T. karamyschevii* Nevski	科尔希二粒小麦
	BA^u	栽培、裸粒	*T. durum* Desf.	硬粒小麦
	BA^u	栽培、裸粒	*T. turgidum* L.	圆锥小麦
	BA^u	栽培、裸粒	*T. polonicum* L.	波兰小麦
	BA^u	栽培、裸粒	*T. turanicum* Jakubz.	东方小麦
	BA^u	栽培、裸粒	*T. carthlicum* Nevski	波斯小麦
	BA^u	栽培、裸粒	*T. aethiopicum* Jakubz.	埃塞俄比亚小麦
提莫菲维系(Timopheevii)	GA^m	野生、带皮	*T. araraticum* Jakubz.	阿拉拉特小麦
	GA^m	栽培、带皮	*T. timopheevii* Zhuk.	提莫菲维小麦

续表 2-1-1

系	染色体组型	驯化类型	种	
			学名	中文名
茹科夫斯基系(Zhukovsikyi)	GA^mA^m	栽培、带皮	*T. zhukovsikyi* Men. et Er.	茹科夫斯基小麦
普通系(Dinkel)	BA^uD	栽培、带皮	*T. spelta* L.	斯卑尔脱小麦
	BA^uD	栽培、带皮	*T. macha* Dek. et Men.	马卡小麦
	BA^uD	栽培、带皮	*T. vavilovii* Jakubz.	瓦维洛夫小麦
	BA^uD	栽培、裸粒	*T. compactum* Host.	密穗小麦
	BA^uD	栽培、裸粒	*T. sphaerococcum* Per.	印度圆粒小麦
	BA^uD	栽培、裸粒	*T. aestivum* L.	普通小麦

2. 小麦属物种的进化关系

小麦属物种含有A、B、D、G等4种基因组，不同基因组的组合形成了二倍体、四倍体、六倍体3种基因组倍性。A基因组来源于2个野生二倍体种，即野生一粒小麦和乌拉尔图小麦；D基因组来自粗山羊草，研究者对此已取得广泛共识。B、G基因组在自然界中没有发现相应的二倍体野生种，对其来源还存在争议。一般认为，二者与拟斯卑尔脱山羊草S基因组亲缘关系较近。另外，野生一粒小麦和乌拉尔图小麦的A基因组亲缘关系虽然很近，但二者的杂交后代高度不育，说明二者的A基因组已发生了分化。因此，在特定情境下，又分别用符号 A^m 和 A^u 加以区分。据此，小麦属各物种的进化关系如图2-1-1所示。

3. 小麦变种的鉴别

目前命名的普通小麦的变种共369个，其中产于我国的有137个。小麦变种的划分一般以芒性，颖壳的毛性、形状、颜色，籽粒颜色，穗密度，分枝性等穗部性状为依据。这些性状的判别标准如下：

(1) 芒　有芒（芒长大于2 cm），全部小穗皆有长芒或上部小穗有长芒，而基部小穗具有超过外颖长度的短芒。

无芒（芒长小于2 cm），完全没有芒或有短芒，而基部小穗的芒长短于外颖长度。

(2) 稃毛　在护颖和外颖的边缘部分有茸毛或无茸毛，对于茸毛稀少的变种，可使光线从护颖侧面通过来检查茸毛的有无。

(3) 穗色　穗色是指颖壳的颜色，包括白色、红色、黑色和浅灰色等。

白色：颖壳颜色呈黄色或淡黄色。

红色：颖壳颜色呈淡红至红褐色。

黑色：护颖或外颖露出部分呈黑色、蓝黑色、紫色或在白底上面生有黑色的斑点或条纹。

淡灰色：颖壳在红底上带有淡灰色。

在鉴定时，特别是鉴定红色和黑色时，应注意与赤霉病和黑颖病加以区别。

在鉴定红色穗中的淡灰色穗时，如难与白色穗区分，可将护颖放到5%的氢氧化钠溶液中15～20 min，红色穗的颜色变深，而白色穗仍为金黄色。

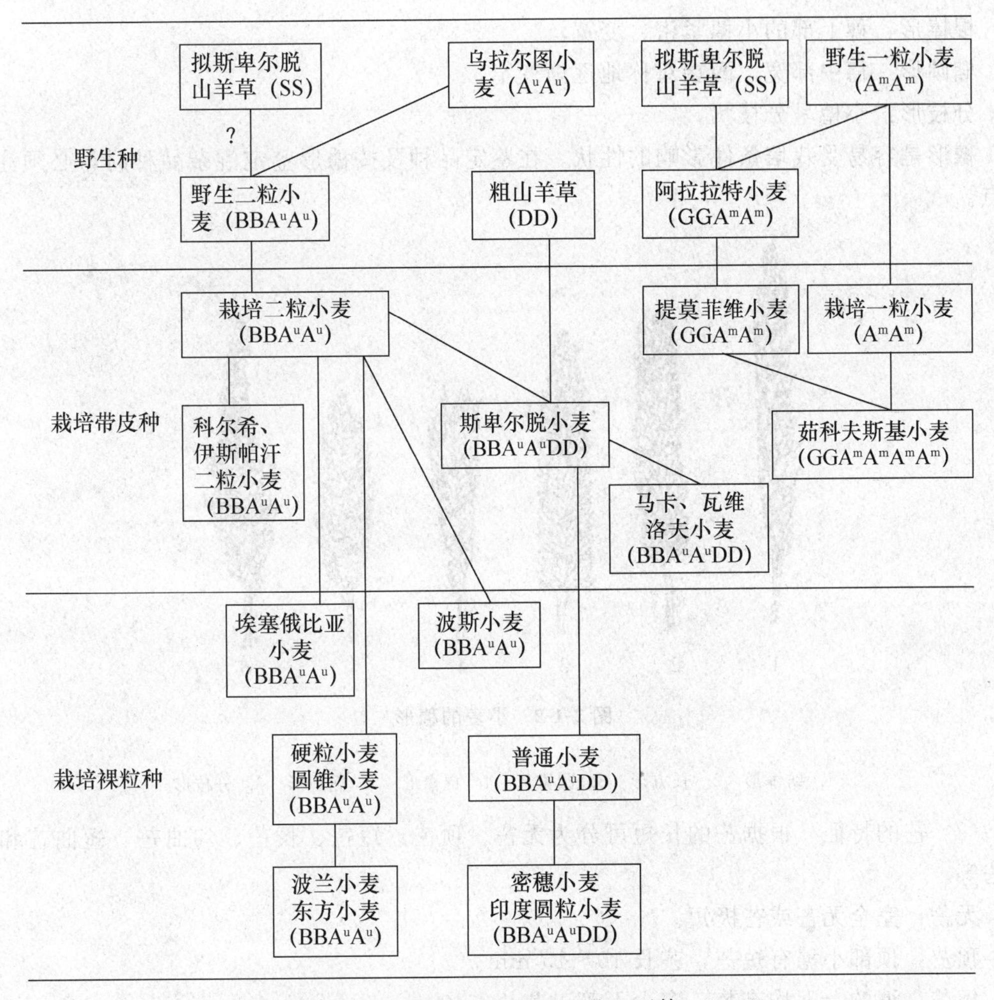

图 2-1-1　小麦属物种进化关系（董玉琛等，2000）

（4）芒色　芒有白色、红色和黑色 3 种。一般除黑色芒外，芒色都与穗色相同。

（5）粒色　粒色有白色和红色 2 种。白色到淡黄色的为白粒；玫瑰色、淡褐色及红褐色的为红粒。

在光线充足的地方进行粒色鉴定。如有怀疑，可使种子腹沟斜对日光，从腹面平视则较清楚。若仍有怀疑，可将种子浸于 5%的氢氧化钠溶液中 15～20 min（或把种子放于水中煮 15～20 min），白粒仍为白色或淡黄色，红粒则加深成深红褐色。

4. 小麦品种鉴别

用以区别品种的主要性状有：穗形，芒的特征，护颖的形状、齿及肩的特征，籽粒的形状、颜色等。

（1）穗形　不考虑芒，根据穗子的轮廓可分为纺锤形、长方形、圆锥形、棍棒形、椭圆形和分枝形等（图 2-1-2）。

纺锤形：穗中、下部宽，上部逐渐变窄，正面＞侧面。

长方形：穗的上、中、下各部宽度皆相近，侧面＞正面。

圆锥形：穗下部宽，上部逐渐变窄。

棍棒形：穗上部的小穗紧密、变宽。

椭圆形：穗中部宽，两端对称地逐渐变窄。

分枝形：小穗呈分枝状。

穗形是容易受栽培条件影响的性状。在鉴定品种及按穗形鉴定混杂品种时，必须注意此点。

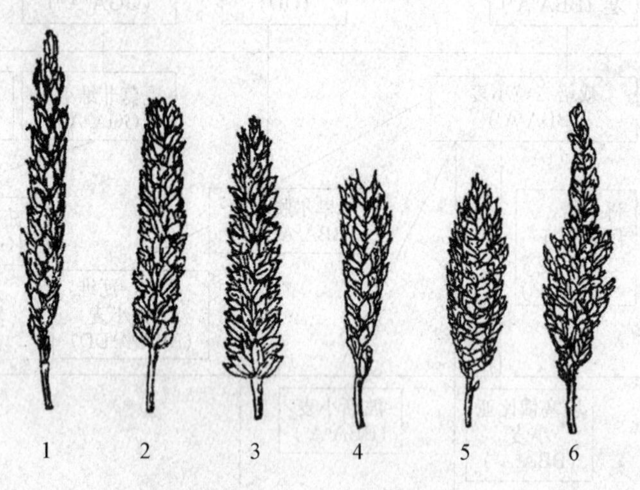

图 2-1-2　小麦的穗形

1. 纺锤形　2. 长方形　3. 圆锥形　4. 棍棒形　5. 椭圆形　6. 分枝形

(2) 芒的特征　根据芒的长短可分为无芒、顶芒、短芒、长芒、勾曲芒、短曲芒和长曲芒等。

无芒：完全无芒或芒极短。

顶芒：顶部小穗有短芒，芒长 10～15 mm。

短芒：穗的上下均有芒，多少不等，芒长 <40 mm。

长芒：小穗外颖上均有芒，芒长 ≥40 mm。

勾曲芒：芒形勾曲，如蟹爪状。

短曲芒：芒弯曲，长度在 30 mm 以下。

长曲芒：芒弯曲，长度在 30 mm 及以上。

(3) 护颖齿（或称脊齿、颖尖、颖嘴）的形状　根据护颖齿的形状可分为钝齿、锐齿、鸟嘴形齿和外弯曲齿（图 2-1-3）。

钝齿：齿的顶端呈钝状。

锐齿：齿的顶端尖锐。

鸟嘴形齿：齿的基部宽闲，顶端尖锐并弯向肩的方向，像鸟嘴。

外弯曲齿：向外弯曲的齿（向背肩的方向弯曲）。

(4) 护颖的形状　护颖由窄面与宽面所构成，两面接连处为脊。取穗中部的护颖，根据宽面来鉴定护颖形状。其典型形状有：长圆形、椭圆形、卵圆形、长方形和圆形等（图 2-1-4）。

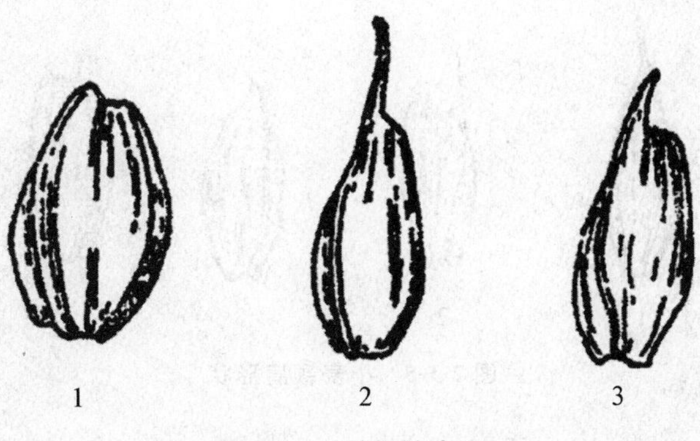

图 2-1-3 护颖的齿形

1. 钝齿 2. 锐齿 3. 鸟嘴形齿

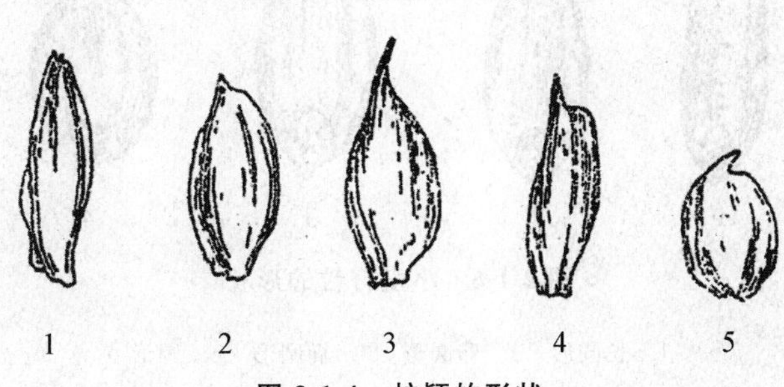

图 2-1-4 护颖的形状

1. 长圆形 2. 椭圆形 3. 卵圆形 4. 长方形 5. 圆形

长圆形（披针形）：护颖狭长，上、下两端逐渐狭窄，长为宽的2倍以上，像披针。

椭圆形：中部宽，上、下逐渐狭窄，长为宽的2倍以内。

卵圆形：下部较宽，顶部显著变狭窄，形似鸡蛋。

长方形：中、下部宽度近一致，长为宽的1倍以上。

圆形：长、宽接近，呈圆形。

大多数品种的护颖形状并非都是典型的形状，而多是过渡的类型。

（5）护颖的肩　按护颖肩的角度可分为无肩、方肩、斜肩和耸肩等（图 2-1-5）。

无肩：齿与护颖连接处不形成肩。

方肩：齿与护颖形成约90°角。

斜肩：齿与护颖连接角度大于90°。

耸肩（丘肩）：齿与护颖连接角度小于90°。

颖肩的特征在穗的各部位变动很大，某些品种可能具有各种类型的肩，做品种描述时，应取穗中部护颖进行描述。

（6）粒形　根据粒形可分为长圆形、卵圆形、椭圆形和圆形等（图 2-1-6）。

长圆形：籽粒的上部和下部变窄，长度为宽度的2倍以上。

卵圆形：籽粒下部宽，顶部稍窄。

椭圆形：籽粒中部宽，上部和下部稍窄，长、宽比1.5～2.0。

圆形：外形似圆形。

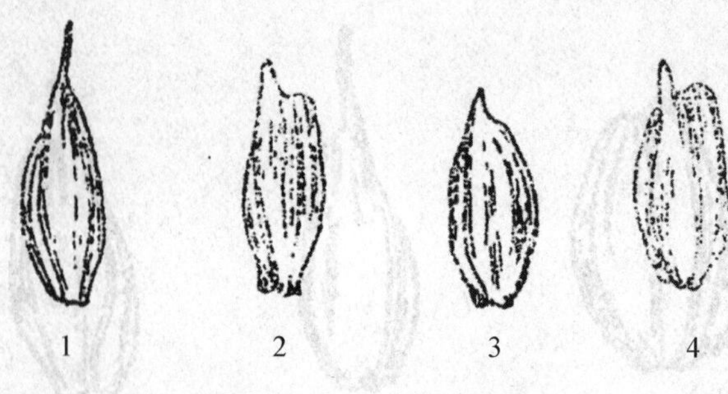

图 2-1-5　小麦颖肩形状

1. 无肩　2. 方肩　3. 斜肩　4. 丘肩

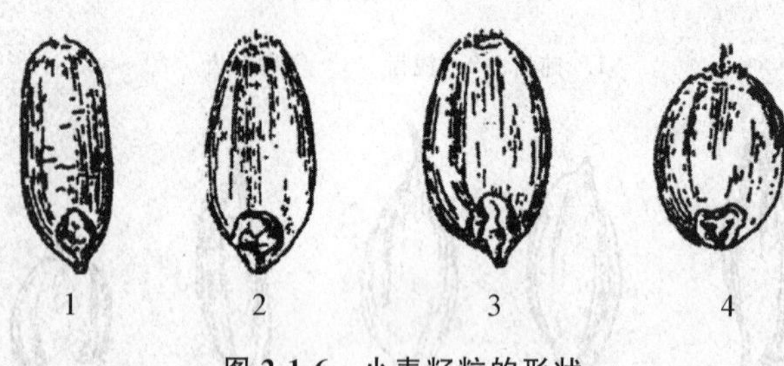

图 2-1-6　小麦籽粒的形状

1. 长圆形　2. 卵圆形　3. 椭圆形　4. 圆形

三、实验材料及用具

1. 实验材料

几个不同小麦品种的穗子和种子样品。

2. 实验用具

尺子、放大镜等。

四、实验步骤

1. 小麦变种的鉴别

每小组同学共用一套材料，每人取标有号码的小麦穗子，按上面介绍鉴定变种特征，并根据检索表（表 2-1-2）来确定各穗子的变种名称。

2. 小麦品种特征鉴定

按上述介绍描述品种特征。

五、结果观察与分析

根据表 2-1-2，将鉴别结果填入表 2-1-3。

六、思考题

小麦品种简介应该从哪几个方面写作？

表 2-1-2　普通小麦重要变种检索表

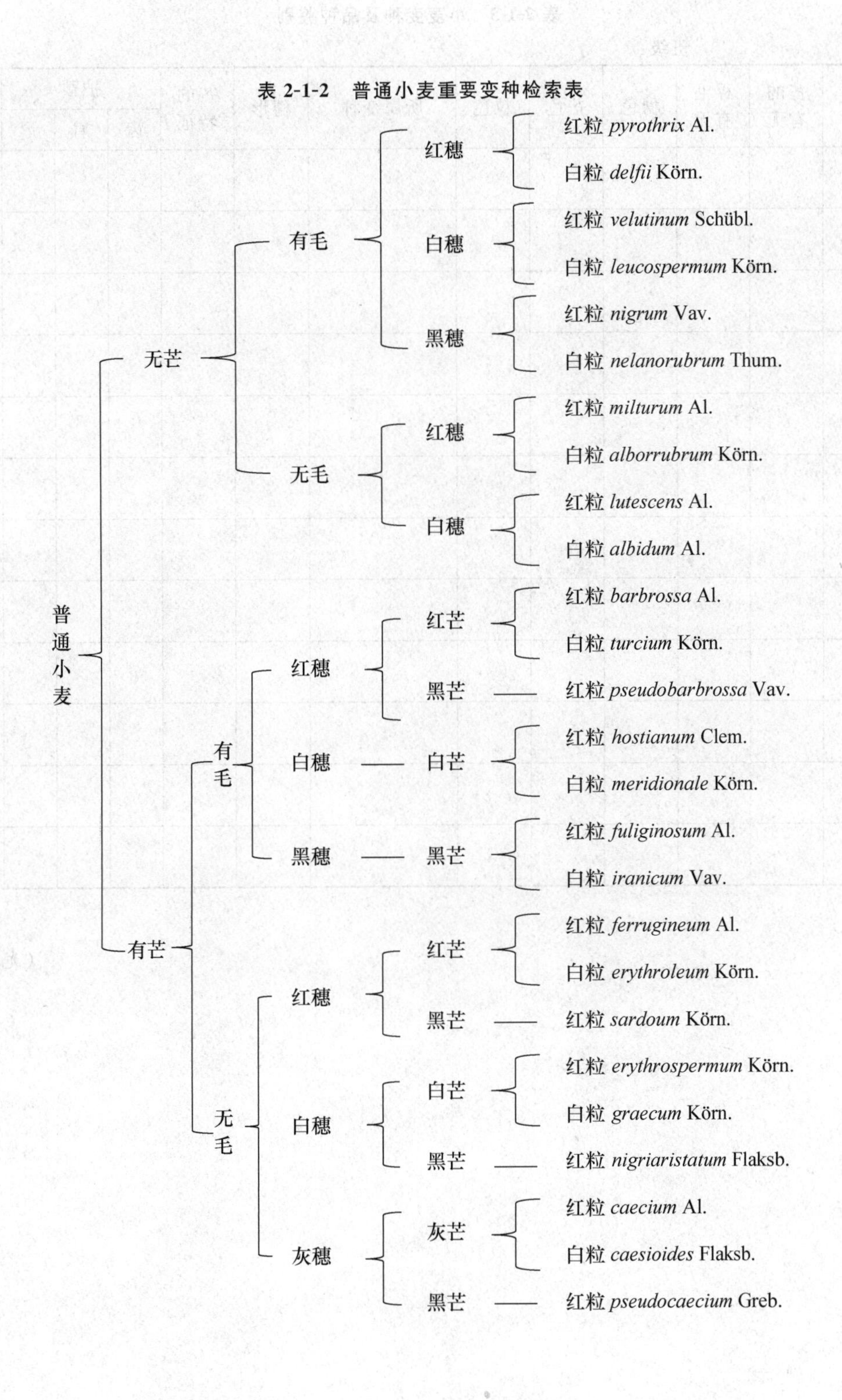

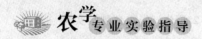

表 2-1-3　小麦变种及品种鉴别

姓名：　　　　　　　　班级：　　　　　　　　学号：

品种代号	芒的有无	稃毛有无	穗色	芒色	粒色	所属变种	穗形	芒的特征	护颖			粒形
									齿	肩	形	

（尤明山）

2-2　主要作物开花习性的观察及有性杂交

不同作物花器构造和开花习性不同。

自花授粉作物（异交率<4%）的花器构造特点为：① 两性花；② 花器保护严密，外来花粉不易进入；③ 雌、雄蕊的长度相仿或雄蕊较长，雌蕊较短，有利于自花授粉。有些作物的雄蕊紧紧围绕雌蕊，花药开裂部位紧靠柱头，极易自花授粉。

自花授粉作物的开花习性为：① 雌雄同熟；② 开花时间较短，甚至闭花授粉；③ 花粉不多，不利于风媒传粉；④ 花瓣多无鲜艳色彩，花也无特殊香味，多在夜间或清晨开花，不易引诱昆虫传粉等。但闭花授粉并不排除开放授粉造成异交的可能性。

异花授粉作物（异交率>50%）的花器构造常见的类型：① 雌雄异株，即植株的雌花和雄花分别着生于不同的植株上（如菠菜、石刁柏、银杏、番木瓜和铁树）；② 雌雄同株异花，即在一株植株上同时具有雌花和雄花两种单性花（如玉米、蓖麻、黄瓜和西瓜）；③ 雌雄同花，但雌雄蕊异熟，有的作物雄蕊先熟（如胡萝卜、向日葵），有的作物雌蕊先熟（如珍珠粟）；④ 花柱异型（如针状或线状的雌蕊）。

异花授粉作物的开花习性为：① 对于雌雄同花的异花授粉作物，雌雄异熟；② 花粉量较大，以利于风媒传粉；③ 花瓣有鲜艳色彩，或花有特殊香味，易引诱昆虫传粉等。

了解不同作物的花器构造特点和开花习性对于开展作物的杂交工作非常重要。

杂交技术是杂交育种的一个基本环节。不同作物的花器构造、开花习性、授粉方式、花粉寿命、胚珠受精能力以及受精持续时间等有所差异，因此，所采用的杂交方法与技术也依作物特点而异。归纳起来，杂交技术主要包括调节开花期、隔离与去雄、花粉的采集与授粉、授粉后的管理与收获等 4 个方面。

2-2-1 小麦开花习性的观察及有性杂交

一、实验目的

1. 了解小麦开花的生物学特性。
2. 练习小麦有性杂交技术。

二、内容说明

小麦为两性花，复穗状花序，由许多相互对生的小穗组成。每个小穗的最外面是 2 片护颖，之内包含几朵小花。每个小花有内、外 2 个颖片，包被之内的是花器官。花器官由 1 个雌蕊、3 个雄蕊、1 对浆片构成。雄蕊分花丝和花药两部分。花丝较细；花药两裂，未成熟时为绿色，成熟时为黄色。雌蕊分柱头、花柱和子房三部分。柱头成熟时呈羽毛状分叉；子房倒卵圆形。浆片是花被的变态，位于子房两侧。

小麦抽穗期随品种及地区的不同而不同，如北京一般在 5 月上、中旬。从抽穗到开花一般需要 3～6 d。

小麦开花的顺序是：同一植株上主茎的穗先开；同一穗上，中部的小穗先开，然后依次向上向下开放；同一小穗中，基部的小花先开。全株开花需 4～6 d。一穗从始花到终花需 3～5 d，以第 2、3 天开花最多。干旱天气开花期缩短，潮湿天气开花期延长。

小麦开花最低温度为 9～11℃，遇 2～3℃低温则受害，如遇干热风或>40℃的高温也容易受害。

开花时，浆片迅速膨大，使内、外颖张开，张开角度一般为 20°～30°。内、外颖张开角度的大小，因品种的不同和气候条件的变化而变化。天气晴朗，水分充足时，内、外颖夹角可达到 40°；在干旱条件下，内、外颖夹角会减小到 10°。开花时，花丝迅速伸长达到 7～10 mm，将充满花粉粒的花药向上推出，柱头也会伸出颖壳以接受花粉。

一朵花开放的时间平均为 15～30 min，因品种、气候条件等而异。内、外颖开放之初，花丝尚未露出颖片时，花药即开始破裂，部分花粉便落在本花的柱头上，其余的散布在空气中。

小麦开花昼夜都能进行。开花最多的时间，随品种、地区和气候条件的不同而异。如在北京地区一般以上午 6—9 时及下午 3—8 时最盛。授粉后经 1～2 h，花粉粒便开始萌发，再经 40 h 左右受精。在正常条件下，柱头保持受粉的能力可达 8 d，但如果开花 3～4 d 后还未受粉，结实率便显著降低。花粉粒维持生活力的时间很短，如早晨收集的花粉，在田间条件下贮藏在一般的纸袋中，到中午时生活力便降低至 40%以下。

三、实验材料及用具

1. 实验材料

小麦亲本品种若干。

2. 实验用具

剪刀、镊子、订书机、硫酸纸杂交袋、吊牌、马克笔或铅笔等。

四、步骤与方法

1. 静态观察

观察小麦花器构造，并绘图说明。

2. 持续观察

按指定的品种选定 5 株，作好标志。于小麦抽穗后，每天从早到晚，每隔 1～2 h 观察 5 株上开花情况（开花时间、顺序、数目），并在记录本上绘制开花顺序图式。同时，还须注明当时小气候的情况。观察至开花结束时为止。

3. 有性杂交的步骤和方法

（1）选穗：按既定的杂交组合，于杂交前，选择发育良好、健壮的植株作为母本。选择基部抽出旗叶叶鞘，但花药尚未成熟的穗子作为整穗对象。

（2）整穗：先用剪刀或镊子去掉穗子上、下部发育不良的小穗，再用镊子去掉保留的小穗里面发育不好的小花，一般每小穗只保留基部 2 朵小花；然后用剪刀齐柱头剪掉上部约 1/2 的颖壳，以便于去雄。

（3）去雄：一只手固定住整好的穗子，另一只手持镊子伸入颖内，夹住花药顶部取出 3 个花药。去雄时，由上而下或由下而上，依次去除每朵小花的所有花药，去完一侧，再去另一侧，以免遗漏。去雄时，注意观察花药的颜色（应为绿色或微黄色）。一般情况下，穗子整体刚抽出旗叶时，都会满足这一要求。如果花药已呈黄色，说明选择的穗子已过了最佳去雄时期，需另行选穗。另外，去雄时注意不要去掉旗叶。

（4）套袋：去雄后的穗子用硫酸纸杂交袋套住。套袋时注意不要把旗叶套入纸袋。用订书机或回形针把杂交袋固定好，防止被风吹走。挂好吊牌，牌上注明母本品种名称、去雄日期。或用马克笔在套好的纸袋上注明品种名称和去雄日期。

（5）授粉：一般去雄后 2～3 d，会观察到母本柱头呈羽毛状，说明雌蕊已发育成熟，可以进行授粉。授粉一般采用捻穗法，具体操作如下。

从生长健壮的父本植株上剪取中部小穗已开花的穗子，齐花药剪掉每个小穗的颖壳，略待片刻，便会有小花开放，可以观察到花药伸出颖壳。等到花药露出时即可开始捻穗授粉。用剪刀把母本穗上所套纸袋的顶端剪开，手执父本穗下节，把穗子剪口处倒插入袋内，捻动父本穗，使其围绕母本穗旋转数周即可。然后取出父本穗，立即把纸袋上端折叠，用订书机订好。一般父本穗只要有 2～3 个花药良好散粉，就可满足授粉需要。在吊牌或纸袋上注明父本名称、授粉日期及授粉者姓名。

在实际工作中，因为做的杂交穗较多，为节约时间，取父本穗时往往一次取多个，然后依次剪开颖壳，并将剪颖后的穗子插在母本周边的地上等待开花备用。或者省掉剪颖步骤，将父本穗简单整理一下芒后，直接依次插入纸袋；等待其在纸袋中开花；然后依次捻动父本穗完成授粉。

（6）收获：授粉后约 1 个月后，连同纸袋一起收获母本穗子；杂交吊牌也应一并收回，以便记录杂交组合。

五、结果观察与分析

（1）根据观察，绘制小麦花器构造图。

（2）根据观察，绘制小麦开花顺序图，并将结果整理填入表 2-2-1-1 和表 2-2-1-2 中。

表 2-2-1-1　小麦逐日开花强度

品种名称	每日开花数					
	第 1 天	第 2 天	第 3 天	第 4 天	第 5 天	第 6 天

表 2-2-1-2　小麦单日开花强度

品种名称	不同时间开花数					
	6—8 时	8—10 时	10—12 时	12—14 时	14—16 时	16—18 时

（3）每人杂交 3～5 个麦穗，其中留 1～2 个穗去雄后套袋不授粉，以便检查去雄效果。将收获后的杂交穗拍照留存，并将结实情况填于表 2-2-1-3 中。

表 2-2-1-3　小麦有性杂交结果

组合名称	去雄授粉日期	去雄小花数	结实数	结实率	备注

六、思考题

1. 小麦杂交时为什么要整穗？
2. 你认为小麦杂交时，应注意哪些问题？为什么？
3. 根据你的观察，小麦开花习性与外界条件有何关系？

（尤明山）

2-2-2　水稻开花习性的观察及有性杂交

一、实验目的

（1）了解水稻开花的生物学特性。

（2）练习水稻有性杂交技术。

二、内容说明

水稻花为两性花，圆锥花序。水稻穗由穗轴、一级枝梗、二级枝梗（个别有三级枝梗）、侧生小穗和终端小穗组成。水稻小穗具有独特的结构特征，它由一对副护颖、一对护颖和一朵可育小花构成。小花由外向内依次为一枚外稃、一枚内稃、一对浆片、六枚雄蕊和一枚雌蕊。雄蕊分花丝和花药两部分。花丝较细；花药分四室，未成熟时为绿色，成熟时为黄色。雌蕊由子房、花柱和一对羽状柱头组成。子房呈卵圆形，位于小穗基部。

水稻抽穗期随品种及地区的不同而不同，如北京一般在 7 月下旬到 8 月下旬抽穗。穗顶端露出剑叶鞘，即为开始抽穗。从穗顶露出到全穗抽出需 5～7 d。

水稻开花的顺序是：同一植株上主茎的穗先开，其余分蘖穗依次开；同一穗上，顶部的小穗先开，然后依次向下开放；同一枝梗上，顶端第一个小穗先开，然后由基部向上依次开放，而顶端第二个小穗最晚开放。一般穗顶端颖花露出剑叶鞘的当天或露出后 1 d 即开始开花，全穗开花过程需 5～7 d，第 3 天前后开花最盛。气温高，开花期缩短；气温低，则开花期延长。

水稻开花的最适温度为 25～30℃，最高温度为 40～45℃，最低温度为 13～15℃。但花药开裂和受精对温度适应范围较小，气温低于 23℃或高于 35℃均会影响花药开裂，从而导致受精不良。

籼稻开花通常在上午 8—12 时，以 9—11 时开花最盛。粳稻开花比籼稻晚 2～3 h。一朵花开放的时间平均为 60～90 min，因品种、气候条件等而异。

开花时，浆片迅速吸水膨大，使内外稃张开，张开角度一般为 18°～30°。内、外稃张开角度的大小，因品种和气候条件的不同而变化。天气晴朗，水分充足时，内、外稃夹角可达到 40°；在干旱条件下，会减小到 10°。开花时，花丝迅速伸长，花药开裂，花粉多散向同一颖花的柱头，其余的散布在空气中，异花授粉率通常低于 1%。花粉粒落到柱头上 2～3 min 后，花粉管便开始萌发，经 0.5～1 h 花粉管可达子房基部的珠孔，进入胚囊后释放出内容物和 2 个精子，分别与卵细胞和 2 个极核结合。受精 3～4 h 后，胚胎开始发育。花粉粒维持生活力的时间很短，自然条件下，花粉散出 3 min 后生活力下降至 1/2，5 min 后绝大部分死亡，10～15 min 后完全丧失受精能力。柱头受精能力以开花当日最高，次日明显减退，开花 3 d 后几乎丧失受精能力。

三、实验材料及用具

1. 实验材料

水稻亲本品种若干。

2. 实验用具

剪刀、镊子、回形针、硫酸纸杂交袋、吊牌、马克笔或铅笔等。

四、步骤与方法

1. 静态观察

观察水稻花器构造，并绘图说明。

2. 连续观察

按指定的品种选定5株，作标志。于水稻抽穗后，每天从早上到下午，每隔1～2 h观察5株上开花情况（开花时间、顺序、数目），并在记录本上绘制开花顺序图式。同时还须注明当时小气候的情况。观察至开花结束时为止。

3. 有性杂交的步骤和方法

（1）选穗：按既定的杂交组合，选择发育良好、健壮的植株作为母本。水稻开花前，选择抽出剑叶叶鞘2/3左右的穗子作为整穗对象。一对杂交组合通常选取2～3个母本穗。

（2）整穗：剥开叶鞘后，先用剪刀去掉穗子顶部已开花的小穗，及下部发育不全的小穗，选留当日或翌日开花的小穗，每穗选留15～20个小穗。

（3）去雄：将保留的小穗用尖头小剪刀逐一斜剪，剪去颖花上部约1/3的颖壳。一只手固定住穗子，轻捏颖壳使颖壳张开；另一只手持镊子伸入颖壳内，用镊子先将一侧的3枚花药全部完整地夹出，再去除另一侧的3枚。注意勿伤雌蕊和勿触破花粉囊。去雄时，由上而下或由下而上，依次去除穗子上每个小穗的所有花药，以免遗漏。

（4）套袋：去雄后的穗子用硫酸纸杂交袋套住。套袋时注意不要把剑叶套入纸袋。从基部用回形针把杂交袋固定好，防止被风吹走。同时将纸袋顶端折叠并用回形针封好，以免其他花粉掉入。挂好吊牌，牌上注明母本品种名称和去雄日期。或用马克笔在套好的纸袋上注明母本名称和去雄日期。

（5）授粉：清晨去雄的，中午水稻盛花时即可授粉；下午去雄的，翌日水稻开花时授粉。授粉一般采用捻穗法，具体操作如下。

中午水稻盛花时，从生长健壮的父本植株上选择中部小穗已开花的穗子，可以观察到花药伸出颖壳。将选择好的父本穗整穗剪下。把母本穗上所套纸袋的顶端打开，手执父本穗下节，把穗子倒插入袋内，捻动父本穗，使其围绕母本穗旋转数周即可。然后取出父本穗，立即把纸袋上端折叠，用回形针固定好。在吊牌或纸袋上注明父本名称、授粉日期及授粉者姓名。在实际工作中，为保证杂交成功，往往取2～3个父本穗，重复多次为母本穗授粉。

（6）收获：授粉后约2个月后，连同纸袋一起收获母本穗子，杂交吊牌也应一并收回，以便记录杂交组合。

五、结果观察与分析

（1）根据观察，绘制水稻花器构造图。

（2）根据观察，绘制水稻开花顺序图，将结果整理并填入表2-2-2-1和表2-2-2-2中。

表 2-2-2-1　水稻逐日开花强度

品种名称	每日开花数					
	第 1 天	第 2 天	第 3 天	第 4 天	第 5 天	第 6 天

表 2-2-2-2　水稻单日开花强度

品种名称	不同时间开花数				
	6—8 时	8—10 时	10—12 时	12—14 时	14—16 时

（3）每人杂交 3～5 个稻穗，其中留 1～2 个穗去雄后套袋不授粉，以便检查去雄效果。将收获后的杂交穗拍照留存，并将结实情况填于表 2-2-2-3。

表 2-2-2-3　水稻有性杂交结果

组合名称	去雄授粉日期	去雄小穗数	结实数	结实率	备注

六、思考题

1. 水稻杂交时为什么要整穗？
2. 你认为水稻杂交时，应注意哪些问题？为什么？
3. 根据你的观察，水稻开花习性与外界条件有何关系？

（张战营）

2-2-3 大豆开花习性的观察及有性杂交

一、实验目的

(1) 了解大豆开花的生物学特性。

(2) 练习大豆有性杂交技术。

二、内容说明

大豆有性杂交是大豆育种的关键技术环节，大约93%的大豆品种是通过杂交育种培育而成的。了解大豆的开花生物学特性，是掌握大豆有性杂交技术的基础。

大豆属于自花授粉作物，天然异交率一般在5%以下，分类上属于豆科，蝶形花亚科。昆虫是影响大豆天然异交率的最主要因素。大豆花为两性花，具有典型蝶形花的特征，花器构造复杂。花蕾由外部的萼片、萼筒、花瓣和内部的雌蕊、雄蕊构成。其中花瓣5枚、旗瓣1枚、翼瓣2枚和龙骨瓣2枚共同组成花冠。雌蕊1枚，分柱头、花柱和子房三部分。雄蕊10枚，其中9枚雄蕊的花丝连在一起呈管状，1枚雄蕊单独分离。雄蕊分花丝和花药两部分。花丝较细；花药两裂，成熟时为黄色，共同将雌蕊包围（二维码2-2-3-1）。雌蕊和雄蕊包含于龙骨瓣中，雌蕊的花柱非常脆弱，很容易折断，这为人工授粉带来困难。花蕾成簇分布于主、次茎秆节点的花序上。花序长度和类型因品种的不同而不同。

二维码 2-2-3-1
大豆花的结构

大豆是典型的短日照作物，光周期缩短不仅会使花期缩短，而且会使萼片、萼筒、花丝和花冠变小，花粉数量减少，花粉败育率升高，成荚率低。光照充足时，花蕾可以完全打开，成荚的数量较多。大豆开花部位、花期长短等习性随品种、生态区和播种时间的不同而存在差异，并与大豆结荚习性密切相关。

大豆结荚习性主要分为有限结荚习性、亚有限结荚习性和无限结荚习性3种类型。有限结荚习性的品种花期短；无限结荚习性的品种花期长；亚有限结荚习性的品种花期处于二者之间。因此，根据杂交组合亲本的开花习性适当调整播种期，确定父母本的比例是非常必要的。黄淮地区夏大豆品种在北京地区一般在7月份进入盛花期。

大豆花蕾一般集中在上午6—11时开放，开花强度与品种类型、小气候条件密切相关，一般在早8时最盛。雌蕊在开花前2～3 d已经具备受精能力，而花药在开花前就已经开裂，常常在开花前的数小时便完成自花授粉。授粉后经1～2 h，花粉粒便开始萌发，再经40 h左右受精。开花授粉的最适温度为20～25℃。授粉后5～8 h，花粉管大部分能够到达胚囊。花粉粒授粉前维持生活力的时间很短。

大豆植株在整个花期会产生大量的花蕾，但不是所有的花蕾完成受精后都能成荚，这一特点既与大豆的营养生长和生殖生长同时相关，又与高温、干旱等环境因素密切相关。因此，选择合适的高质量的花蕾对于大豆杂交的成功非常重要。一般来讲，早期花蕾和后期小花蕾都难以成荚；大豆植株中部和上部（第3节或5节以上）产生的花蕾由于个头大、营养充足，杂交后容易成荚。

三、实验材料及用具

1. 实验材料

大豆亲本品种若干。

2. 实验用具

镊子、吊牌、细线、工具盒、75%酒精、铅笔等。

四、步骤与方法

1. 静态观察

观察大豆花器构造，并绘图说明。

2. 持续观察

按指定的品种选定 5 株，作标志。于大豆始花后，每天从早上到中午，每隔 1～2 h 观察植株开花情况（开花时间、顺序、数目），并在记录本上绘制开花顺序图式。同时还须注明当时小气候的情况，观察至花期结束时为止。

3. 有性杂交的步骤和方法

（1）选株：按既定的杂交组合，于杂交前，选择发育良好、健壮的植株作为母本。优先选择中、上部和顶端花序的基部花蕾。同时确定父本植株在授粉当天存在开放的新花。

（2）整花：去雄尽量在开花前 1 天进行，此时花蕾大小是花冠刚长出花萼之外，花瓣开始由绿变为白色或紫色的时候，此时花瓣颜色隐现，即“含苞欲放”的状态最为合适。用镊子去掉每个节点上已开的花和未开的花蕾，一般每个节点只保留发育较好的花蕾 2～3 个。

（3）去雄：一只手固定住花蕾，另一只手持镊子夹住萼片基部呈斜角环剥，使花冠大部分露出；然后用镊子夹住花冠中部整体轻轻拔出，花药顶部将与花冠被一起取出。此时，花蕾中仅存有雌蕊。若有部分花药仍残存于花蕾内，需要在不伤及柱头的情况下，用镊子小心取出留存的花药（也可不去除留存的花药直接进行授粉）。花蕾去雄时，应尽量选择处于盛花期的大豆植株。去掉的花药呈现黄白色，说明花药没有散粉。如果观察到花药呈黄色或有明显花粉抖落，说明选择的花蕾极有可能已经完成自花授粉，需另选花蕾。去雄操作时，注意不要去掉或损毁与花蕾处于同一节点的三出复叶。该三出复叶在该节点豆荚种子发育中发挥重要作用（二维码 2-2-3-2A、二维码 2-2-3-2E 和二维码 2-2-3-2B、二维码 2-2-3-2F）。

二维码 2-2-3-2
大豆人工杂交过程

（4）授粉：一般去雄后，会观察到母本柱头呈弯曲状，说明雌蕊已发育成熟，可以进行授粉操作。授粉以花药和柱头碰触的方式进行，具体操作如下。

用镊子从生长健康的父本植株上取下新开花若干，置于工具盒中，迅速移至母本植株处。一只手固定住父本花蕾，另一只手持镊子夹住萼片向下将萼片、萼筒去除；然后从外到内逐层去除花瓣，使雄蕊暴露，此时可以观察花药是否处于散粉状态（或用指甲碰触验证是否确有花粉）。确定有花粉后，轻轻地夹着雄蕊花丝部分，轻轻碰触母本植株中已完成去雄操作的花蕾柱头即可（二维码 2-2-3-2C、二维码 2-2-3-2G）。一般若父本花药充分散粉，1 个花朵的花粉就可满足母本 1 个花蕾的授粉需要。在实际工作中，因为做的杂交组合较多，为节约时间，取父本花时往往一次取多个。利用多个父本授粉，转换时，镊子应用75%酒精灭杀可能的残留花粉。另外，同一个节点尽量只做一个杂交组合，并在已授粉花蕾的花柄处轻系细线，以免发生混淆（二维码 2-2-3-2D、二维码 2-2-3-2H）。

（5）挂牌：在吊牌上注明父母本名称、授粉日期及授粉者姓名或简称。具体方法如下：以植株易观察的茎节挂杂交吊牌，其所在茎节作为第 0 节点，依次上推第 1 节点、第 2 节点、……、第 N 节点；所在节点做杂交的花蕾个数，记为 M。吊牌内容包括：第一行，N-M；第二行，杂交组合具体内容；第三行，授粉日期；第四行，授粉者姓名或简写。

（6）复查：授粉后 1～2 周及时检查所做杂交是否成功。若在吊牌指示的杂交花蕾上有果荚伸出，说明该杂交操作为有效操作，需要及时在吊牌中做标识，并及时清除该花荚周围新产生的其他花蕾，以保证杂交花荚的营养供给。若在吊牌指示的杂交花蕾上无花荚伸出，说明该杂交操作为无效操作，需要及时将吊牌取下。若授粉后 1～2 周不及时判别花荚是否有效，可能同一节点会有其他果荚的形成，萼筒处的环剥痕迹和授粉后花柄处系有的细线将是非常重要的判别依据。

（7）收获：授粉后约 45 d 适时收获，将杂交吊牌一并放入纸袋中，并在纸袋上记录杂交组合具体内容、时间和授粉者姓名等信息。

五、结果观察和分析

（1）根据观察，绘制大豆花器构造图。

（2）根据观察，绘制不同结荚习性大豆品种开花顺序图，将结果整理并填入表 2-2-3-1 中。

表 2-2-3-1　大豆每天开花强度

品种名称	每日开花数					
	第 1 天	第 2 天	第 3 天	第 4 天	…	第 x 天

注：观察天数按照实际开花天数而定。

（3）每人杂交 3～5 个组合，将收获后的杂交豆荚拍照留存，并将结实情况填于表 2-2-3-2 中。

表 2-2-3-2　大豆有性杂交结果

组合名称	去雄授粉日期	去雄花数	结实数	结实率	备注

六、思考题

1. 如何提高大豆杂交成荚的成功率？
2. 在大豆人工授粉过程中，应注意哪些问题？为什么？
3. 根据你的观察，大豆开花习性与小气候有何关系？

（孙连军）

2-2-4　棉花开花习性的观察及有性杂交

一、实验目的

（1）了解棉花花器构造。

（2）熟悉棉花开花的生物学特性。

（3）练习棉花有性杂交技术。

二、内容说明

棉花属锦葵科（Malvaceae）棉属（*Gossypium*），是常异花授粉作物，一般在正常环境下异交率为3%～20%。

棉花的花为单花，无限花序，两性花，包括苞片、花萼、花冠、雄蕊和雌蕊。其中苞片通常3片，形状似三角形，基部联合或分离，因棉种而异，中间的苞齿最长，两边较短，苞片外侧基部有一圆形蜜腺（称苞外蜜腺）；花萼5片，围绕在花冠基部，在花萼外侧基部有萼外蜜腺，花萼内侧有一圈萼内蜜腺；花冠由5片似倒三角形的花瓣组成，基部有或无红斑，因棉种和品种而异，花冠为乳白色；花瓣有左旋和右旋之分，与对位叶的侧向相同；一般每朵花有60～90个雄蕊，花丝基部联合成雄蕊管，与花冠基部连接，花粉浅黄或白色；雌蕊由柱头、花柱、子房组成，子房有3～5心皮，每1心皮有7～11粒胚珠，受精后发育成棉籽；在柱头纵棱上有柱头毛，便于黏附花粉粒。

陆地棉一般在8～10片真叶时现蕾。从现蕾到开花一般需要25～30 d，农谚有“蕾见花二十八”的说法。棉花现蕾开花的顺序比较稳定，“由下而上，由内到外”。即从第一果枝第一果节为中心，呈圆锥形螺旋式沿主茎由下而上、由内到外依次开放。相邻果枝相同果节的花蕾称为“同位花蕾”，开花间隔为2～4 d；同一果枝相邻果节的花蕾为“邻位花蕾”，开花间隔为5～7 d。棉花刚开的花为乳白色，下午逐渐转变成微红色，第2天转变成紫红色，第3天花冠凋谢脱落。在盛花期，可能同一植株会同时开放2～3朵花。

棉花开花要求的最低温度为23℃，适宜温度为25～30℃。温度过高、过低都不利于棉花开花：日平均温度低于23℃可能引起雌蕊异常，以致不能受精；而日平均温度高于30℃，特别是夜间温度高于30℃，会导致大多数陆地棉品种雄蕊发育不正常。

棉花开花前1天下午，花冠急剧伸长，伸出苞叶外。次日上午8—10时开放，开花早晚与温度有关。开花时，花药开裂散粉。花粉和柱头的生活力维持时间较短，花粉的生活力可维持1 d，上午最强；柱头的受精能力可维持2 d，最适宜的授粉时间是上午9—11时。花粉粒落在柱头上，吸取柱头毛的水分，一般在1 h内花粉萌发管。柱头上花粉粒多时，花粉管到达子房只需8 h，一般20～30 h完成受精过程。受精过程中温度低于20℃或高于38℃，花粉生活力降低，影响散粉，甚至引起败育。强光有利于提高花粉生活力。如果开花时下雨，花粉粒吸水胀破，丧失受精能力。

棉花杂交技术除用于杂交育种外，现在还广泛应用于杂交棉的杂种制种。

三、实验材料及用具

1. 实验材料

陆地棉（*Gossypium hirsutum* L.）品种若干。

实验用具

镊子、剪子、红毛线、麦管或饮料吸管（长3～4 cm，一端折叠封口或用别针卡住）、吊牌、马克笔或铅笔等。

四、实验步骤

1. 静态观察

观察棉花花器各部分，并绘出形态图。

2. 持续观察

按指定的品种选定5株棉花，做标记。于始花期（整个小区有10%的棉株开花结铃时，约6月20日）每天观察开花情况（开花日期、位置、数目），并在记录本上绘制开花顺序图式。同时还须注明当时小气候情况。连续观察1周。

3. 棉花杂交步骤和方法

（1）母本选株定蕾　选择性状典型、纯度高、生长良好的棉株作为母本株。在母本株上，选择中部果枝上靠近主茎第一、二节位的正常花作为杂交花朵。用挂牌或红毛线标记。

（2）去雄

①去雄时间。适宜的去雄时间是开花前1天的下午3时左右。判断花朵翌日开放的标准是花冠已经伸长，伸出副萼之外。这样的花，第2天早晨即可开放。

②去雄方法。棉花去雄常用的方法有徒手去雄和工具去雄两种。

a. 徒手去雄。用手将花冠和雄蕊管一起撕去，只保留雌蕊。操作时，不要碰伤子房和压破花药，不要破坏苞叶。去雄后，用顶端带节的长3 cm的麦管套住柱头，一直压到子房上端，但麦管上端有节的部分须离开柱头1 cm以上。套好麦管后，在铃柄上挂上纸牌（或塑料牌），纸牌上写明母本名称和去雄时间。

b. 工具去雄。用剪刀剪去花冠，再用镊子除去花药。如有残留花粉，可用清水洗净。去雄后用麦管套好柱头，并在铃柄上挂好纸牌（或塑料牌）。

（3）授粉　选择与母本花朵同时开花的父本花蕾，在开花前1天用纸袋将花蕾套好，或用棉线系好，以防止昆虫进入花内，带进其他花粉。

第2天上午9—10时，将父本花朵摘下，将花瓣向外翻卷。在此同时，摘下母本花中柱头上的麦管，用父本雄蕊在母本柱头上轻轻涂抹几下（肉眼观察可见柱头上附有充足的花粉粒为合格），完成授粉工作。涂抹时，量要多些，以利于受精。然后，再用麦管套好柱头，并在挂牌上写明父本名称、授粉日期和操作者姓名。

在实际工作中，可以同时摘取大量父本花朵，收集花药后，用毛笔依次刷到母本柱头上进行授粉。或直接用父本花朵进行授粉，每一朵父本花朵可授5～6朵母本花。早晨授粉时，父本花药未散裂，可用手指隔着花瓣将花药捻破后即可授粉。如授粉时遇下雨，需待雨停，花柱上露水干后补授。授粉后，为保证杂交铃结铃率，摘除自花授粉的棉铃。更换父本花粉时，要用70%酒精对毛笔进行消毒，防止混杂。

(4) 日常管理和收获　授粉后，应对母本植株摘除老叶，加强整枝，改善通风透光条件，疏去过多的蕾铃，保证杂交铃的正常生长发育。收获时，将杂交铃和挂牌一起收获，杂交铃单独脱粒和保存。

五、结果统计与分析

(1) 根据观察，绘制棉花花器构造图。

(2) 根据观察，绘制棉花开花顺序图，将结果整理并填入表 2-2-4-1 中。

表 2-2-4-1　棉花开花情况

品种名称	每日开花数					
	第 1 天	第 2 天	第 3 天	第 4 天	第 5 天	第 6 天

(3) 每人做 2～3 个组合，每个组合杂交 5～10 朵花，其中留 1～2 朵花去雄后套麦管不授粉，以便检查去雄效果。将收获后的杂交铃拍照留存，并将结实情况填于表 2-2-4-2 中。

表 2-2-4-2　棉花有性杂交结实情况

组合名称	授粉方式	去雄花数	授粉花数	结铃数	结实率/%

六、思考题

1. 不同棉花组合杂交结实率有何差异？为什么？
2. 利用手工杂交技术进行棉花杂种制种有何意义和问题？

（苏莹）

2-2-5　玉米开花习性的观察及有性杂交

一、实验目的

（1）了解玉米花序构造；

（2）练习玉米自交和杂交技术。

二、内容说明

1．玉米的花序

玉米是典型的异花授粉作物，为雌雄同株异花。雄花序着生在茎秆顶端；雌花序则着生在茎秆中部的节上。

雄花序又称雄穗或天花，为圆锥花序，由顶端生长锥分化而来。雄花序由主轴和分枝组成（分枝数因材料而异，少则 0～2 个，多则几十个），在主轴和侧枝上着生成对排列（侧枝为 2 行，主轴为 4～11 行）的小穗。每对小穗中，位于上方的为有柄小穗；位于下方的为无柄小穗。小穗基部各有两枚护颖，小花两朵。每朵小花由外稃、内稃及 3 枚雄蕊组成。每个雄蕊的花丝顶端着生一个花药，花药二室，每个花药可产生花粉粒 2 500～3 500 粒。

玉米的雌花序又称为雌穗，为肉穗花序，由腋芽发育而成，受精结实后成为果穗。雌穗基部是穗柄；穗柄上分布着节和节间；每一节上着生 1 片由叶鞘变态而成的苞叶；苞叶紧包着雌花序。雌穗中部为穗轴，其上着生成对排列的无柄小穗（果穗行数为偶数，少则 6～8 行，多则 30 行左右）。每个小穗有 2 枚颖片。颖片内有 2 朵小花，上位小花发育正常，为可孕花；下位小花退化为不孕花。正常小花由外稃、内稃及雌蕊组成。雌蕊由子房、花柱和柱头组成。柱头分叉，布满茸毛；抽出的花丝为柱头的延长物，能分泌黏液，便于附着花粉粒；花丝各部分均可授粉。

2．玉米开花习性

雄穗主轴露出顶叶 3～5 cm 的时期为抽雄期。雄穗抽出后 1～4 d 即开始散粉，雄花序开花顺序一般是先主轴后侧枝。主轴通常是中上部位的小穗先开花，然后上、下两端顺序开花。侧枝上的小穗则是按照自上而下的顺序先后开花。一般每日上午露水干后，雄穗开始散粉，9—11 时为散粉高峰时段。散粉最适温度为 25～28℃，相对湿度为 70%～90%。温度过高或干旱可造成花粉育性降低。雄穗开花期可持续 1 周左右，开花后 2～4 d 为开花盛期。开花期每个雄花序的花粉粒数可达 1 500 万～3 000 万粒。花粉活力可持续 4～8 h，超过 8 h 花粉活力显著降低。

雌穗花丝从苞叶伸出 2 cm 左右的时期为吐丝期。同一植株吐丝期一般比抽雄期迟 2～4 d，高温干旱等条件下延迟情况会更严重，造成雌雄不调，影响结实率。通常雌穗中下部的小穗最先吐丝，然后上下两端的小穗顺序吐丝，顶部小穗吐丝最晚。一个雌穗吐丝从始至终需 2～5 d，花丝吐出即可随时接受花粉。花粉粒黏着在花丝上 5 min 左右就能萌发出花粉管，经过 24 h 左右到达子房并完成受精过程。受精后花丝即停止生长，变色萎蔫。如果不授粉，花丝可继续伸长，长度可达 20～40 cm。一般吐丝 1 周后花丝活力逐渐降低，授粉结实率随之降低，不同材料降低程度不同。花丝活力最高可持续2周左右。

三、实验材料及用具

1. 实验材料

常用玉米自交系如昌7-2、郑58等5～10个。

2. 实验用具

大号硫酸纸袋、小号硫酸纸袋、剪刀、酒精棉球、回形针、塑料标牌、记号笔、大头针等。

四、实验步骤

在玉米生长进入大喇叭口期以后，定期观察不同材料生长情况，记录抽雄期、散粉期、吐丝期等关键生育期。观察玉米雌、雄花序结构，记载散粉开始日期、散粉结束日期、小穗散粉顺序、雄穗分枝数、颖壳颜色、花药颜色、花丝颜色等，并逐日记录天气情况。

1. 玉米自交试验

(1) 雌穗套袋　选择典型植株，将尚未吐丝的雌穗用小号硫酸纸袋套住，在不损伤雌穗的情况下将纸袋小心抱茎顺叶鞘向下深入3～5 cm，借叶鞘张力固定纸袋。为保险起见，用回形针将袋口夹牢，以防大风或人员走动将纸袋碰掉。如果是双果穗或多果穗材料，应选择最上面的一个果穗套袋。

(2) 剪花丝及雄穗套袋　逐日观察所套小袋内雌穗吐丝情况。一般2～4 d后，花丝长度达到3～5 cm即可对其授粉。在授粉的前1天下午，观察同株雄穗是否处于散粉期，如是，取下雌穗上的小纸袋，用经酒精棉球擦拭过的剪刀将花丝剪齐，也可连带苞叶剪齐(即在苞叶顶端1～2 cm处剪掉)，再迅速将小纸袋套上。用大号硫酸纸袋将同株雄穗套住，将袋口折叠好，并用回形针把穗轴基部卡紧。注意在操作时勿将雄穗及上部茎秆折断。如果植株较高，可将植株小心倾斜套上大袋。

(3) 授粉　翌日上午10—12时，待露水干后，用左手轻轻弯下套袋的雄穗，右手轻拍纸袋，使花粉落入纸袋内，然后小心取下纸袋，并使花粉集于袋口一角。然后取下雌穗上的小纸袋，将大纸袋内的花粉均匀地撒在花丝上；随即再套回小纸袋，并用回形针夹牢。授粉时动作务必轻快，并头戴草帽，尽可能防止其他植株花粉污染造成混杂。

授粉后，在果穗上部的节上挂上塑料标牌，用记号笔标明材料名称（或行号）、自交符号、授粉日期及操作者姓名等。

(4) 授粉后的管理　授粉后雌穗伸长膨大，纸袋易被顶破或掉落，因此需及时将纸袋松动或重新套好，可用大头针将纸袋和苞叶固定住。特别是在授粉后1周内（花丝枯萎前），一定要防止纸袋脱落并确认标牌是否完好。

(5) 收获及保存　授粉后45～60 d，果穗即可成熟，需及时收获。收获时，用橡皮筋将塑料标牌与果穗系在一起，放入网袋内晾晒。待晒干后，可进行一些果穗基本性状的考种分析，然后脱粒装入种子袋。同时，将塑料标牌装入袋内，袋外还必须写明材料名称(或行号)、自交符号及收获时期。种子保存在低温干燥处。如条件允许，可放入冷库中保存备用。

2. 玉米杂交试验

玉米杂交试验基本过程与自交相同，区别仅在于授粉时花粉取自其他材料（父本）。即前 1 天需将父本的雄穗用大号硫酸纸袋套上。授粉后，母本株上的塑料标牌必须标明组合名称，即母本名称（可用行号代替）×父本名称（可用行号代替）。一株父本的花粉量可用于多个杂交果穗。

五、结果观察与统计

（1）将不同材料的花期调查结果填入表 2-2-5-1 中。

表 2-2-5-1　不同玉米材料的花期调查结果统计

材料名称	抽雄期	散粉期	散粉结束日期	吐丝期	雄穗分枝数	花药颜色	花丝颜色

（2）每人选 2 份材料，每份材料做 2 株自交和 2 株杂交，并拍照留存。收获后果穗拍照留存，并将果穗（杂交/自交果穗）主要性状考种结果填于表 2-2-5-2 中。

表 2-2-5-2　玉米自交和杂交结果统计表

材料名称	籽粒类型	穗长	穗粗	穗轴颜色	秃尖长	穗行数	行粒数	结实率/%

六、思考题

1. 玉米自交或杂交时为何要提前 1 天给雄穗套袋？
2. 在玉米自交或杂交过程中应注意哪些环节？
3. 不同玉米材料开花习性有无不同？外界条件对玉米开花习性有何影响？
4. 仔细观察同一玉米材料自交果穗与杂交果穗有无差别？

（鄂立柱）

2-3 小麦条锈病抗性鉴定

一、实验目的

（1）了解小麦条锈病的鉴定过程。

（2）掌握不同抗病等级的鉴定标准，并评定不同育种材料的抗病性差异。

二、内容说明

各种病害是导致小麦产量降低的重要因素。在小麦病害的防治工作中，选育抗病小麦品种是最经济有效且环境友好的农艺措施。因此，小麦品种的抗病性一直是小麦育种的重要目标性状。了解和掌握小麦抗病性鉴定方法是开展小麦抗病育种的必备技能。

病害是病原、寄主和环境三者互作的结果。在自然条件下，并非每年每地均严重发生病害。因此，在进行小麦抗病育种时，除在发病的麦田中进行直接鉴定外，还必须在人工接种环境下，进行诱发鉴定。

一般情况下，小麦抗病性鉴定要在幼苗期和成株期分别进行。同一个基因型材料 2 个时期的抗性通常是相关的，但也有独立遗传的情况。

三、实验材料及用具

1. 实验材料

小麦抗病性鉴定录像，抗性不同小麦材料幼苗，小麦抗病育种田间试验材料等。

2. 实验用具

接种铲、滴管、保湿桶、喷雾器、喷粉器、注射器等。

四、实验步骤

1. 幼苗鉴定

幼苗鉴定一般在温室中进行。这种方法可在较短的时间内对大量材料的抗病性进行鉴定，也便于测定不同小麦材料对不同生理小种的抗病性，还可以避免新的生理小种在本地生产中的传播。小麦条锈病的鉴定过程如下。

（1）接种　在鉴定前 10 天左右，将待鉴定小麦材料的种子，播种于直径为 8～10 cm 的小花盆内。每盆播种 2～3 个小麦品种，其中一个为易感病的诱发品种作为对照。各品种要相互隔开，严防混杂，插上标签，注明品种名称、播种日期等。于小麦幼苗第一片叶子长到4～5 cm时，接种病原菌。接种方法有以下几种。

①涂抹法：此法主要用于少量菌种的繁殖或少量材料的鉴定。

从试管中取出少许锈菌孢子放在表面洁净的玻璃上，用滴管加入少量水，用接种铲将锈菌孢子与水搅拌均匀。加水时切忌过猛，以防引起病菌孢子溅飞或将孢子吸入滴管造成不同生理小种的相互污染。

用手指蘸清水或0.1%吐温水溶液捋麦苗的叶片数次，以去掉麦叶表面的脂质，弄平叶茸毛，以水滴能展布于叶片为度。

用消毒过的接种铲蘸上已调制好的孢子液，涂抹于麦叶表面进行接种。

接种后，把麦苗放入保湿桶中，再用喷雾器喷降水雾，令麦苗和保湿桶的内壁沾满雾滴。喷雾不能过量，以防冲掉已接种的锈菌孢子。

喷雾后，用塑料薄膜封盖保湿桶，在温度适宜的条件下放置24 h左右，将麦苗取出，移至阳光充分的温室内，约经2周后麦苗即可发病。

麦苗接种后，保湿阶段要求的最适温度为9～13℃。自保湿桶中取出放入温室后平均温度最好控制在16～18℃，光照时间每天应不少于12 h，冬季光照不足，每天应增加一定时数的人工辅助光照。上述的温度和光照掌握的好坏是能否发病和发病充分与否的关键。

接种不同生理小种时，接种用的一切用具都要先行消毒，并且，在接种过程中的每个步骤都要注意操作规范，防止可能发生的污染，影响鉴定结果。

②喷粉法：在经消毒过的、干燥的小喷粉器中加入适量的干燥滑石粉，再把新采集的锈菌孢子按滑石粉与孢子（20～30）∶1的比例混合均匀待用。

在保湿桶内放置麦苗若干盆，先用喷雾器在麦苗上均匀地喷上水雾；随即用喷粉器将上述稀释的孢子粉均匀地喷撒到每盆麦苗的叶片上；再用喷雾器喷雾，使麦苗和保湿桶内壁都沾上水滴，掌握在水滴不下淌为度；然后马上盖上塑料薄膜，保湿阶段及以后的各项操作及注意事项同前述。

③喷雾法：先用少量清水湿润锈菌孢子，搅成糊状，再加入足量的水稀释到呈淡橘黄色的悬浮液；用小型喷雾器将制备好的孢子悬浮液喷在叶片已去脂质的麦苗上；接种后，将麦苗放于保湿桶保湿。以后的操作及注意事项同前述。

喷粉法及喷雾法适宜用于接种大量材料。

（2）鉴定　待接种的对照品种麦苗充分发病后，根据待鉴定材料对病原菌的反应型鉴定其抗病等级。反应型一般由轻到重分为免疫、近免疫、高抗、中抗、中感、高感6个等级，分别记为0级、0;级、1级、2级、3级和4级（二维码2-3-1）。各级鉴定标准如下。

二维码2-3-1 小麦锈病的6种反应型

0级：免疫型。叶片全绿，观察不到任何病症。

0;级：近免疫型。叶片绝大部分为绿色，只出现点点滴滴枯死斑，看不到锈病的孢子堆。

1级：高抗型。叶片上出现极小的孢子堆，孢子堆周围有枯死斑。

2级：中抗型。叶片上孢子堆较多、较大。孢子堆周围有枯死斑，枯死部分多于孢子堆部分。

3级：中感型。叶片上孢子堆较多，孢子堆很大。孢子堆周围叶片主要出现褪绿反应。如出现枯死斑，枯死部分小于孢子堆部分。

4 级：高感型。叶片普遍出现大孢子堆，孢子堆甚至连成宽而粗的条纹。叶片既无枯死也无褪绿现象。

2. 成株鉴定

成株鉴定一般在田间进行。其方法是在抗病育种试验田中，在待鉴定材料四周播种高度感染锈病的品种作为诱发行。在麦苗生长到一定阶段，在诱发行上每隔一定距离（1～2 m）的麦苗上人工接种锈菌孢子，制造发病中心，病害由此传播到全田造成发病的环境，保证可靠的鉴定结果。用于接种的锈菌孢子应是当地流行的优势小种，可以为一个小种，也可以将几个优势小种孢子混合。

（1）接种

①喷粉法　此法多用于小麦苗起身前后。

与幼苗接种的喷粉法一样，制备滑石粉与病原孢子的混合物。接种时，先用喷雾器在接种点麦苗上喷上雾滴，然后用喷粉器将制备好的锈菌孢子喷于麦苗上；再用喷雾器喷上水雾；随即用小花盆或塑料薄膜覆盖保湿，24 h 后揭开。

②注射法　此法多用于小麦拔节前后。

接种前，应配制好病原孢子悬浮液，配制方法同幼苗接种。接种最好在傍晚进行，以利用晚间的田间湿度。如遇干旱天气，在接种前或接种后适当浇水，以提高田间湿度，利于锈菌孢子萌发、侵染和小麦成株发病。

注射时，针头斜刺入与叶片相接的叶鞘中，注意不要刺穿，轻推注射杆，将孢子悬浮液注入叶鞘，以见到叶心冒出水珠为度。每个接种点注射 3～5 茎。

接种后，约经 2 周即可发病。但成株的抗性鉴定一般在小麦乳熟期以后，田间锈病发展到高峰时进行，逐个调查记载每个材料的发病状态。

（2）鉴定　成株鉴定一般调查反应型、严重度、普遍率 3 个指标。

①反应型　标准同幼苗鉴定，以发病最重的叶片为准。

②严重度　即着生孢子堆叶片部分占整个叶片面积的比例。理论上，应将小区内每一叶片都进行统计而后取其平均值。在实际工作中，往往因人力限制，仅采用目测估计法，将发病叶片总观后得出结论。发病程度可分为 7 级：

0 级：无孢子堆。

1 级：孢子堆占叶面积的 5％。

2 级：孢子堆占叶面积的 10％。

3 级：孢子堆占叶面积的 25％。

4 级：孢子堆占叶面积的 40％。

5 级：孢子堆占叶面积的 65％。

6 级；孢子堆占叶面积的 100％。

③普遍率　即发病叶片占总叶片的百分数。在实际工作中采用目测估计法。

$$普遍率=\frac{发病叶片数}{总叶片数}\times 100\%$$

五、结果观察与分析

(1) 在幼苗鉴定中，统计各试验材料的不同反应型的幼苗数目，评定其抗病性等级。

(2) 在成株鉴定中，统计各育种材料的3个发病指标，评定其发病程度。

六、思考题

1. 小麦条锈病发病的条件有哪些？在接种时如何保证这些条件？
2. 接种时容易出现哪些问题干扰试验结果？

（尤明山）

2-4 小麦耐热性鉴定

一、实验目的

（1）了解小麦耐热性鉴定的常用方法；明确细胞膜热稳定法鉴定小麦耐热性的原理；了解高温对小麦产量和品质的影响。

（2）掌握细胞膜热稳定法鉴定小麦耐热性的方法。

二、内容说明

1. 高温对植物伤害的生理机制

根据高温的强度和植物出现热害的速度和症状，把热害分为直接伤害和间接伤害。

（1）直接伤害　直接伤害是指植物在短时间（几秒到几十秒）接触高温后立即表现出来的一种伤害，并可从受热部位向非受热部位传递蔓延。直接伤害又分为蛋白质变性和脂类液化。

（2）间接伤害　间接伤害是指高温引起植物体内一系列变化，这些变化比较缓慢，在高温下经过一段较长的时间才会表现出来。间接伤害又分为代谢性饥饿、有毒物质积累、蛋白质合成受阻和生理活性物质缺乏等。

2. 小麦耐热性鉴定的常用方法

（1）直接鉴定

①田间直接鉴定法。包括外部形态指标和经济性状指标的考查。

②人工模拟直接鉴定法。

a. 分期播种：以北京地区为例，春麦 3 月 12 日（正常播期）、3 月 22 日（第二播期）、4 月 3 日（第三播期）和 4 月 13 日（第四播期）4 个播期模拟全生育期高温胁迫环境。

b. 塑料大棚升温处理：在小麦的籽粒灌浆期，采用塑料大棚升温的方法，对供试材料进行持续高温处理，直至小麦成熟。

比较高温胁迫前后小麦产量差异，以热感指数和几何平均产量等指标进行不同小麦材料耐热性的比较。热感指数的计算方法如下。

$$S=\frac{(1-\mathrm{yd}/\mathrm{yp})}{D}$$

式中：S 为千粒重或穗粒重的热感指数；

yd 为某品种在热胁迫下的平均千粒重或穗粒重（g）；

yp 为该品种在非胁迫环境下的平均千粒重或穗粒重（g）；

D 为热胁迫强度，$D=1-\mathrm{YD}/\mathrm{YP}$，YD 为所有品种在热胁迫下的千粒重或穗粒重平均值（g），YP 为所有品种在非胁迫环境下的千粒重或穗粒重平均值（g）。

$S<1$ 为耐热品种，$S>1$ 为热敏感品种。

（2）间接鉴定

①细胞膜热稳定法：评价细胞膜维持完整性的能力。

②叶绿素荧光法：评价类囊体膜的稳定性。

③TTC 法：评价线粒体电子传递链的稳定性。

④冠层温度衰减法：评价植株通过叶片的蒸腾作用适应热胁迫的能力。

3. 高温胁迫对细胞膜稳定性的影响

高温胁迫引起植物体细胞的受害症状反映在多个方面，其中细胞膜完整性受损（二维码 2-4-1 和二维码 2-4-2）是受到的主要伤害之一。这种伤害直接导致细胞渗透性增加和电解质的泄漏，表现在可直接测量的相对电导率的增加上。

4. 高温对小麦生产的影响

（1）产量降低。小麦开花至成熟期间每出现 1 d 干热天气，每公顷小麦产量损失约 7.6 kg（二维码 2-4-3）。

（2）影响小麦醇溶蛋白和谷蛋白比例，影响小麦烘烤品质。

二维码 2-4-1
植物细胞膜构成

二维码 2-4-2
温度变化造成
生物膜相变

二维码 2-4-3
高温胁迫前后
小麦籽粒变化

三、实验原理

细胞膜的流动性与温度胁迫密切相关。当植物受到高温刺激时，膜的流动性增强，脂质从排列较完整有序的液晶态转变为无序的熔解态，导致膜的功能受损或结构破坏，进而使其透性增大，细胞内各种水溶性物质包括电解质将有不同程度的外渗。细胞膜伤害越重，外渗越多。

细胞膜热稳定法通过测定植物热胁迫后叶片电解质渗漏值，反映植物在高温胁迫下细胞膜维持完整性的能力。高温导致细胞膜透性增大，使细胞膜的电解质渗透率增加，从而引起组织浸泡液的电导率发生变化。测量相对电导率以表示细胞膜的热稳定性。所测相对电导率值越低，试样耐热性越强。

四、实验材料、仪器设备和试剂

1. 实验材料

5 份耐热性不同的小麦材料。

2. 实验仪器设备和试剂

电导率测定仪、量筒、镊子、剪刀、真空泵、水浴锅、微量移液器、洗瓶、去离子水。

五、实验步骤

（1）小麦幼苗培养。

（2）剪取小麦叶片，用去离子水清洗 3～4 次；然后剪成大小约 2 cm 的 5 段放入试管中，每个品种 3 次重复；向试管中加入 15 mL 去离子水；用真空泵处理，去除气泡。

（3）用锡箔纸包住试管口，将试管放入 45℃高温水浴锅中处理 30 min，取出冷却至室温。

（4）第一次测定电导率 T_1。

（5）再将试管放入 100℃高温水浴锅中处理 30 min，以杀死全部细胞，让电解质全部渗出，取出冷却至室温。

（6）充分振荡后静置，第二次测定电导率 T_2。

（7）计算相对电导率（RI）：

$$RI=\frac{T_1}{T_2}\times 100\%$$

六、结果统计与分析

将实验结果填入表 2-4-1 中，并对结果进行分析。

表 2-4-1　实验材料相对电导率统计

材料名称	编号	电导率测定			
		T_1	T_2	T_1/T_2	RI/%
	1				
	2				
	3				
	4				
	5				

七、实验注意事项

（1）在实验材料种植过程中，要注意水、温控制。及时浇水，防止干旱胁迫；控制适当温度，防止影响实验结果。

（2）选择无病虫害的叶片；选取叶片相同部位。

（3）实验所用试管提前用盐酸清洗，再用去离子水清洗。

（4）实验必须用去离子水，防止水中离子造成实验误差。

（5）处理时间控制适当。

（6）测量一次数据后，用去离子水冲洗电导率测定仪，再进行下一次测量。

（胡兆荣）

2-5　作物品质性状鉴定

作物品质通常是指作物产品对人类要求的适合程度，也就是人们常说的对“最终产品(end use)”的适合程度。适合程度好的品种称为优质品种。作物产品的品质主要分为外观品质、化学或营养品质、加工品质和食用品质等。

对于作物外观品质性状的鉴定，我们一般通过目测，或通过尺子去量，或借助一定的设备观测。外观品质性状有稻米籽粒的长/宽、垩白率等；小麦粒形、色泽等；玉米籽粒质地、色泽等。

对于作物营养品质性状的鉴定，需要应用化学的方法。作物籽粒蛋白质含量、淀粉含量、脂肪酸含量、微量元素含量，高油玉米的油分含量，甜玉米籽粒糖分含量等营养物质含量的测定；有害物质如芥酸、胰蛋白酶抑制剂、植物凝集素等含量的测定均可用化学的方法进行。化学鉴定方法常需要把材料磨碎以后才能进行。现在也可以利用近红外或核磁共振设备对作物种子进行无损的物质含量测定，大大提高了品质性状选择鉴定的效率。

对于作物理化特性的鉴定需要特殊的仪器设备。如面团流变学特性的测定需要用粉质仪，面团拉伸特性的测定需要拉伸仪；稻米淀粉糊化特性、玉米淀粉糊化特性，以及其他作物淀粉糊化特性的测定需要用 RVA 快速黏度仪等。

对于作物加工品质性状的鉴定，需要有加工设备。如对小麦的一次加工品质（磨粉品质）进行鉴定，需要有磨粉设备；对稻米的一次加工品质（碾米品质）进行鉴定，需要有碾米设备等。

对于食用品质鉴定，除了需要有相应的设备外，还需要有训练有素的鉴定人员才能进行。如稻米蒸煮品质的鉴定、小麦面包烘烤品质的鉴定、小麦蛋糕烘烤品质的鉴定、小麦馒头蒸煮品质的鉴定、小麦面条蒸煮品质的鉴定等。

2-5-1 小麦高分子量谷蛋白亚基 SDS-PAGE 鉴定

一、实验目的

（1）了解小麦高分子量谷蛋白亚基与小麦品质的关系；了解小麦高分子量谷蛋白亚基提取和 SDS-PAGE 鉴定的原理。

（2）掌握小麦高分子量谷蛋白亚基提取方法和 SDS-PAGE 鉴定方法。

二、内容说明

1. 小麦高分子量谷蛋白亚基

小麦储藏蛋白主要由麦谷蛋白和麦醇溶蛋白组成，是决定小麦面团流变学特性的主要因素，也是衡量小麦品质的重要因素。其中麦谷蛋白决定面团的弹性，麦醇溶蛋白决定面团的延展性。

麦谷蛋白由不同谷蛋白亚基组成。根据麦谷蛋白不同亚基在 SDS-PAGE 中的迁移率不同，可将麦谷蛋白分为高分子量谷蛋白亚基（high molecular weight glutenin subunits，HMW-GS）和低分子量谷蛋白亚基（low molecular weight glutenin subunits，LMW-GS）。

控制小麦 HMW-GS 的基因位于小麦第一部分同源群染色体上的 *Glu-A*1、*Glu-B*1 和 *Glu-D*1 位点，统称。每个 Gul-1 位点有 2 个紧密连锁的基因，分别编码分子量不同的 HMW-GS，即分子量较大的 x-型亚基和分子量较小的 y-型亚基。

小麦 HMW-GS 基因存在广泛的变异。其中 *Glu-A*1 位点的 null（表示无带）、1 和 2* 较为常见；*Glu-B*1 位点的 7、7＋8、7＋9、13＋16、14＋15、17＋18 和 20 较为常见；*Glu-D*1 位点的 2＋12 和 5＋10 较为常见（图 2-5-1-1）。

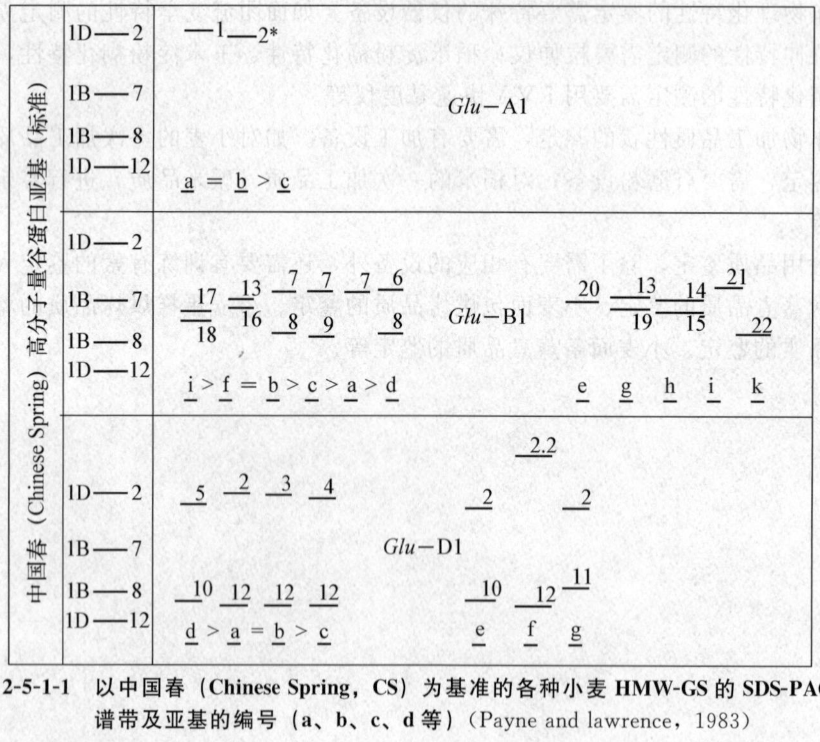

中国春（Chinese Spring）高分子量谷蛋白亚基（标准）

1D—2　1B—7　1B—8　1D—12

Glu−A1：1　2*　a = b > c

Glu−B1：17/18　13/16　7/8　7/9　7　6/8　i > f = b > c > a > d；20　13/19　14/15　21/22　e　g　h　i　k

Glu−D1：5/10　2/12　3/12　4/12　d > a = b > c；2/10　2.2/12　2/11　e　f　g

图 2-5-1-1　以中国春（Chinese Spring，CS）为基准的各种小麦 HMW-GS 的 SDS-PAGE 谱带及亚基的编号（a、b、c、d 等）（Payne and lawrence，1983）

2. 小麦 HMW-GS 与小麦品质的关系

控制小麦 HMW-GS 的基因位点 *Glu-A*1、*Glu-B*1 和 *Glu-D*1 对小麦品质的贡献不同。一般认为，3 个小麦 HMW-GS 的基因位点对小麦品质贡献大小为：*Glu-D*1＞*Glu-B*1≥*Glu-A*1。同一小麦 HMW-GS 基因位点不同等位变异对小麦品质的贡献也不相同。一般认为，不同小麦 HMW-GS 对小麦品质贡献大小，在 *Glu-A*1 位点为：2* ＞1＞null；在 *Glu-B*1 位点为：17＋18＞13＋16＞7＋8＞7＋9；在 *Glu-D*1 位点为：5＋10＞2＋12。

三、实验原理

1. 小麦 HMW-GS 的提取原理

变性剂 SDS 破坏蛋白质分子结构。强还原剂巯基乙醇使半胱氨酸残基之间的二硫键断裂。裂解后的氨基酸侧链和 SDS 充分结合形成带负电荷的蛋白质-SDS 胶束（图 2-5-1-2）。

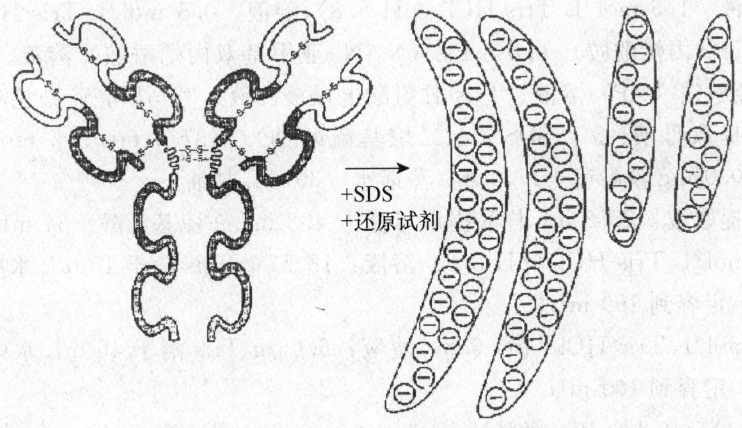

图 2-5-1-2　蛋白质样品用 SDS 和还原剂处理后解聚成亚基（郭尧君，2005）

蛋白质-SDS 胶束在水溶液中的形状像一根长椭圆棒。椭圆棒短轴的长度对不同的蛋白质亚基-SDS 胶束基本是相同的；长轴的长度则与亚基分子量的大小成正比。

蛋白质-SDS 胶束在 SDS-PAGE 中的电泳迁移率主要取决于椭圆棒的长轴长度，即蛋白质或亚基分子量的大小。SDS 电泳不仅可以分离蛋白质，而且可以根据迁移率的大小测定蛋白质或亚基的分子量。

2. 小麦 HMW-GS 的 SDS-PAGE 原理

小麦 HMW-GS 的 SDS-PAGE 为不连续凝胶电泳。不连续电泳包括两种不同孔径的凝胶：浓缩胶和分离胶（图 2-5-1-3）。

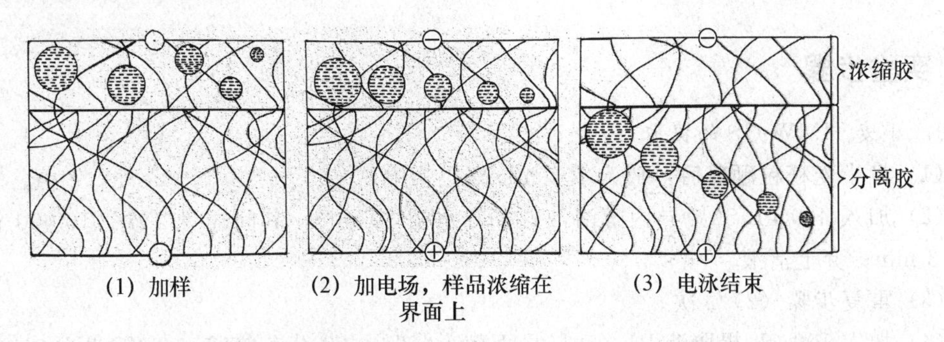

图 2-5-1-3　SDS 不连续电泳（分离胶为均一胶）（根据郭尧君，2005 修改）

浓缩胶　浓缩胶浓度较低，孔径相对较大。把较稀的样品加在浓缩胶上，样品经过较大孔径凝胶的迁移作用而被浓缩至一个狭窄的区带。

分离胶　又称电泳分离胶，通常孔径较小。选择合适的分离胶浓度，可使样品组分得以很好地分离。分离胶又可分为均一胶和梯度胶。本实验用的是均一胶。

四、实验材料、仪器设备和试剂

1. 实验材料

6个HMW-GS不同的小麦品种。

2. 实验仪器设备

稳压稳流电泳仪及配套电泳槽、摇床、台式离心机、微量移液器、电子天平。

3. 实验试剂

样品提取液、1.5 mol/L Tris-HCl（pH 8.8）溶液、0.5 mol/L Tris-HCl（pH 6.8）溶液、30% Acr（丙烯酰胺）-0.8% Bis（N，N′-亚甲基双丙烯酰胺）溶液、10% SDS溶液、1.5%过硫酸铵（AP）溶液、Tris-甘氨酸电极缓冲液、考马斯亮蓝染色液。

(1) 样品提取母液：6 g SDS（十二烷基硫酸钠）＋37.5 mL 0.5 mol/L Tris-HCl（pH 6.8）＋30.0 mg溴酚蓝＋17.4 mL蒸馏水＋30 mL甘油。

(2) 样品提取液：27.2 mL样品提取母液＋ 4.8 mL β-巯基乙醇＋64 mL蒸馏水。

(3) 1.5 mol/L Tris-HCl（pH 8.8）溶液：18.17 g Tris溶于40 mL水中，加浓HCl调pH至8.8，定容到100 mL。

(4) 0.5 mol/L Tris-HCl（pH 6.8）溶液：6.05 g Tris溶于40 mL水中，加浓HCl调pH至6.8，定容到100 mL。

(5) 30% Acr-0.8% Bis溶液：30 g Acr＋0.8 g Bis溶于40 mL水中，定容到100 mL。

(6) 10% SDS溶液：10 g SDS加40 mL蒸馏水溶解，定容到100 mL。

(7) 1.5%AP溶液：0.15 g AP溶于10 mL蒸馏水中，现用现配。

(8) Tris-甘氨酸电极缓冲液：3.032 g Tris＋1 g SDS＋14.4 g甘氨酸，用蒸馏水定容至1 000 mL。

(9) 考马斯亮蓝染色液：250 mL甲醇＋100 mL乙酸＋0.6 g考马斯亮蓝＋250 mL蒸馏水。

(10) 脱色液：50 mL甲醇＋50 mL乙酸＋400 mL蒸馏水。也可以直接用自来水作脱色液。

五、实验步骤

1. 小麦HMW-GS的提取

(1) 将小麦籽粒砸碎后，放入1.5 mL离心管中。

(2) 加入400 μL 50%异丙醇溶液；60℃水浴30 min，其间摇晃2次；10 000 r/min离心3 min；弃上清液。

(3) 重复步骤（2）2次。

(4) 加入100 μL提取液B1（50%异丙醇＋0.3%二硫代苏糖醇）；60℃水浴30 min。

(5) 加入 100 μL 提取液 B2 [50%异丙醇+1.4% (V/V) 4-乙烯基吡啶]，60℃水浴 1 h，10 000 r/min 离心 10 min。

(6) 把 160 μL 上清液转移到新的离心管中，并在其中加 600 μL 丙酮，4℃放置 1.5～2 h。

(7) 10 000 r/min 离心 10 min，弃上清液；在沉淀中加入 100 μL 样品提取液，放置 2 h 以上，使沉淀充分溶解，备用。

2. 制胶与电泳

(1) 取一套或两套干净的制胶专用玻璃板，在制胶架上固定好。

(2) 先按照表 2-5-1-1 的比例配制好分离胶工作液，摇匀后灌到玻璃板间，上端留 2.5 cm 左右空间，加入蒸馏水。等待分离胶凝结的时间里，按表 2-5-1-2 的比例配制好浓缩胶预工作液。

表 2-5-1-1　分离胶工作液的配制

试剂	单板
30% Acr-0.8% Bis 溶液	13.3 mL
1.5 mol/L Tris-HCl (pH 8.8)	10.0 mL
10% SDS	0.4 mL
蒸馏水	13.3 mL
1.5% AP	3.0 mL
TEMED (四甲基乙二胺)	30 μL

(3) 分离胶凝结后，胶面与水面之间会出现清晰的界面，此时将分离胶上面的水倒出来，用滤纸把剩余的水吸干。

在浓缩胶预工作液中按表 2-5-1-2 中的量加入 1.5% AP 和 TEMED，混匀后灌进玻璃板内，迅速插入样梳。

表 2-5-1-2　浓缩胶工作液的配制

试剂	双板	
30% Acr-0.8% Bis 溶液	2.5 mL	浓缩胶预工作液
0.5 mol/L Tris-HCl (pH 6.8)	5.0 mL	
10% SDS	200 μL	
蒸馏水	11.2 mL	
1.5% AP	1.0 mL	
TEMED	20 μL	

(4) 待浓缩胶凝固后，将制胶玻璃板（胶板）从制胶架上取下来，拔出样梳，用蒸馏水将点样孔冲干净；将胶板夹在电泳槽上，在电泳槽中倒入电极缓冲液，上样（上样量为 4 μL）。

(5) 接通电源，每板胶稳流 12～15 mA；指示剂出胶 2 h 后，停止电泳。

(6) 揭开玻璃板，切下浓缩胶；将分离胶放到染色液内，染色 15～30 min（视染色液新旧而定）；然后用脱色液或水脱色至背景清晰。

六、结果观察与分析

提交一张如图 2-5-1-4 所示的图片，并根据实验结果完成表 2-5-1-3。

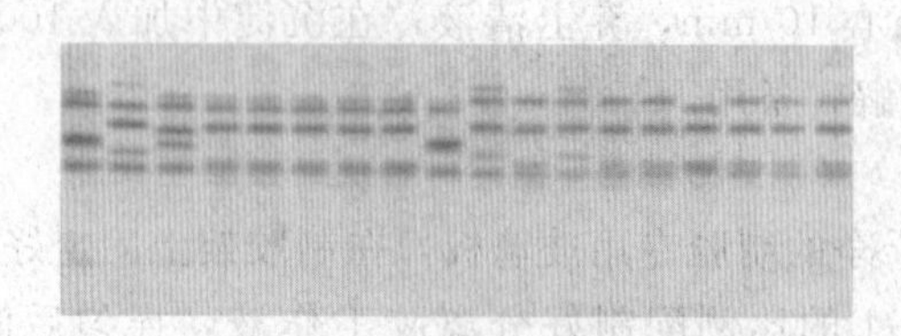

图 2-5-1-4　实验材料小麦 HMW-GS 的 SDS-PAGE 图谱

表 2-5-1-3　实验材料小麦 HMW-GS 组成

材料名称	编号	*Glu*-1 位点 HMW-GS 组成				
		Glu-A1*x*	*Glu*-B1*x*	*Glu*-B1*y*	*Glu*-D1*x*	*Glu*-D1*y*
	1					
	2					
	3					
	4					
	5					
	6					

（李保云）

2-5-2　小麦蒸煮品质鉴定——面条品质鉴定

一、实验目的

(1) 学习面条加工实验技术，了解面条品质鉴定方法。

(2) 提高对面条用小麦粉的认识。

二、内容说明

面条最早出现在 4 000 多年前的中国。2005 年，中国考古专家在青海省发现了距今有 4 000 多年历史的面条。公元 3 世纪初，中国的书籍上已经有了关于面条的记载。面条起初被称为“汤饼”。

面条是一种制作简单，食用方便，营养丰富，既可主食又可快餐的健康保健食品，早已为世界人民所接受与喜爱。

面条是由面粉加水揉成面团，之后或压或擀制或抻成片，再切或压，或者使用搓、拉、捏等手段，制成条状（或窄或宽，或扁或圆）或小片状，最后经煮、炒、烩、炸而成的一种食品。面条花样繁多，品种多样，具有鲜明的地方特色，如北京的炸酱面、山西刀削面、武汉热干面、四川担担面、兰州拉面、河南烩面。好吃的面条几乎都是温和而筋道的，将面食的风味发挥到极致。

三、实验原理

面筋（图 2-5-2-1 和图 2-5-2-2）主要由麦醇溶蛋白和麦谷蛋白组成。麦醇溶蛋白不溶于水、乙醚和无机盐溶液，能溶于60%～70%乙醇溶液。湿的麦醇溶蛋白黏力很强，富有延伸性。麦谷蛋白不溶于水、乙醇和无机盐溶液，能溶于稀碱和稀酸溶液。湿的麦谷蛋白凝结力很强，但无黏力。这两种蛋白之所以能形成面筋，是由于麦醇溶蛋白和麦谷蛋白不溶于水，但吸水力强。面筋吸水后发生膨胀，分子间互相黏结，最后形成具有一定弹性的网络状凝胶物质。

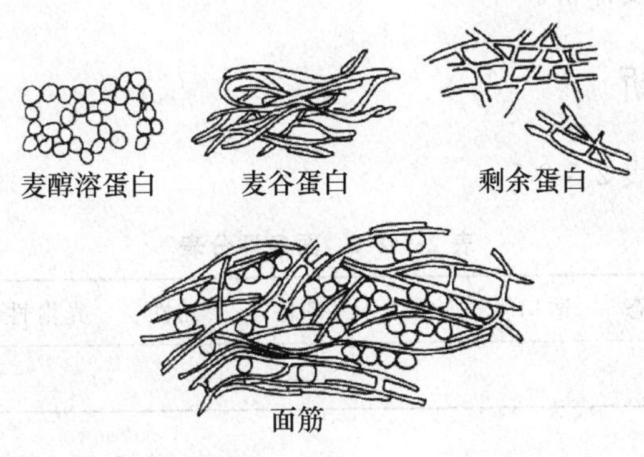

图 2-5-2-1　麦醇溶蛋白与麦谷蛋白相互作用形成面筋的模型（杨铭铎，1999）

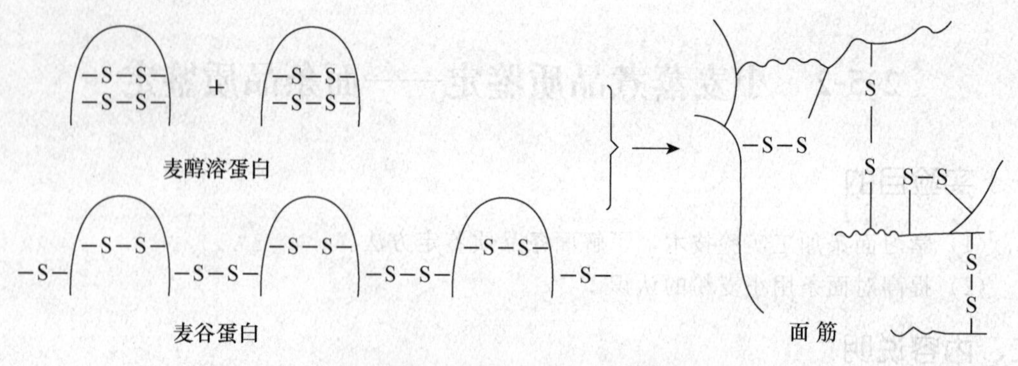

图 2-5-2-2 面筋形成过程示意图（杨铭铎，1999）

四、实验材料、仪器设备

1. 实验材料

强筋粉、中筋粉和弱筋粉等。

2. 实验仪器设备

电子天平、电动和面仪、恒温恒湿箱、压面机。

五、实验步骤

(1) 称 100 g 面粉加入和面钵中。

(2) 加水，加水量＝100×面粉吸水率×（50%～60%）（水温 30℃）。

(3) 机器和面 2.5 min，然后手工和面 3 min。

(4) 醒面 20～30 min。

(5) 在中型压面机上压片，直到形成面片，再对折压 2 次，三折压 2 次。

(6) 在小型压面机上按轧距 2 mm、1.5 mm 和 1 mm 的顺序压片（注意不对折）。

(7) 将面片在面条机上切成宽 2 mm、厚 1 mm 的面条。

(8) 煮面条。

(9) 面条品尝和品质评价。

六、结果观察与分析

根据实验结果完成表 2-5-2-1。

表 2-5-2-1 面条评分表

项目	色泽	表观状态	适口性（软硬）	韧性	黏性	光滑性	食味	总分
评分								

附：面条品尝项目和评分标准

面条品尝项目和评分标准参考表 2-5-2-2。

表 2-5-2-2　面条品尝项目和评分标准

项目	满分	评分标准
色泽	10	色泽是指面条的颜色和亮度。面条白、乳白、奶黄色、光亮为 8.5～10 分；亮度一般为 6～8.4 分；色发暗、发灰、亮度差为 1～5 分
表面状态	10	表面状态是指面条表面光滑和膨胀程度。表面结构细密、光滑为 8.5～10 分；中间为 6.0～8.4 分；表面粗糙、膨胀、变形严重为 1～5 分
适口性（软硬）	20	适口性是指用牙咬断一根面条所需力的大小。力适中得分为 17～20 分；稍偏硬或软 12～16 分，太硬或太软 1～11 分
韧性	25	韧性是指面条在咀嚼时，咬劲和弹性的大小。有咬劲、富有弹性为 21～25 分；一般为 15～20 分；咬劲差、弹性不足为 1～14 分
黏性	25	黏性是指在咀嚼过程中，面条粘牙的程度。咀嚼时爽口、不粘牙为 21～25 分；较爽口、稍粘牙为 15～20 分；不爽口、发黏为 10～14 分
光滑性	5	光滑性是指在品尝面条时口感的光滑程度。光滑为 4.3～5 分；中间为 3～4.2 分；光滑程度差为 1～2 分
食味	5	食味是指品尝面条时的味道。具麦清香味 4.3～5 分；基本无异味 3～4.2 分；有异味为 1～2 分
总分	100	

（李保云）

2-5-3 小麦烘烤品质鉴定——蛋糕品质鉴定

一、实验目的

(1) 学习蛋糕加工实验技术，了解蛋糕品质鉴定方法。

(2) 提高对蛋糕粉的认识。

二、内容说明

蛋糕是一种古老的西点。用于制作蛋糕的基本原料有鸡蛋（黏合剂）、白糖（甜味剂）和弱筋粉等。制作蛋糕时也可以加入牛奶、果汁、奶粉、香粉、色拉油、水、起酥油（一般是奶油或人造奶油）和泡打粉等辅料。把这些基本原料和辅料按一定顺序混在一起，经过搅拌、调制和烘烤等程序，制成一种像海绵一样的点心就是蛋糕。

蛋糕最早起源于西方，后来才慢慢地传入中国。

蛋糕的种类多种多样。根据原料、调混方法等的不同，蛋糕一般可分为面糊类蛋糕、乳沫类蛋糕和戚风类蛋糕三大类。

面糊类蛋糕（paste cake）：配方特点是油脂用量高达面粉用量的60%左右，用以润滑面糊，使其产生柔软的组织；并帮助面糊在搅混过程中融合大量空气，使蛋糕膨松。一般奶油蛋糕、布丁蛋糕就属于这一类。

乳沫类蛋糕（cream cake）：配方特点是主要原料为鸡蛋，而不含任何固体油脂。利用蛋液中强韧和变性的蛋白质，在面糊搅混和焙烤过程中使蛋糕膨松。根据所用蛋料又可分为单用蛋白的蛋白类（如天使蛋糕）和使用全蛋的海绵类（如海绵蛋糕）。

戚风类蛋糕（chiffon cake）：配方特点是用混合面糊类和乳沫类两种面糊，改变乳沫类蛋糕的组织结构。

根据材料和做法的不同，蛋糕又可分为海绵蛋糕、戚风蛋糕、天使蛋糕、重油蛋糕、奶酪蛋糕、慕斯蛋糕、布丁蛋糕和黑森林蛋糕等。

海绵蛋糕（sponge cake）：主要原料是鸡蛋、白糖和面粉。制作时，蛋白和蛋黄不分开，一起打发。成品膨松、柔软。

戚风蛋糕（chiffon cake）：主要用乳沫类和面糊类综合制成，是一种比较常见的基础蛋糕，也是现在很受西点烘焙爱好者喜欢的一种蛋糕。制作时需将鸡蛋的蛋白和蛋黄分开，分别打发，然后混合调至均匀。成品膨松、细腻。

天使蛋糕（angel cake）：主要原料是无油脂成分的蛋白部分，成品比较爽口，颜色雪白，如天使，所以被称为“天使蛋糕”。

重油蛋糕（pound cake）：主要原料是黄油、鸡蛋和面粉，是一种面糊类蛋糕。重油蛋糕在口感上会比上面几类蛋糕重厚一些。因为加入了大量的黄油，所以口味非常香醇。

奶酪蛋糕（cheese cake）：音译也可以称为芝士蛋糕，主要原料是乳酪（一般加入的都是奶油奶酪），再加上糖、鸡蛋和其他的配料，如奶油和水果等。奶酪蛋糕有固定的几种口味，如香草芝士蛋糕、巧克力芝士蛋糕等，至于表层加上的装饰，常常是草莓或蓝莓。

慕斯蛋糕（mousse cake）：是用打发的鲜奶油、一些水果果泥和胶类凝固剂经冷藏制成的蛋糕，也是一种免烤蛋糕，一般会以戚风蛋糕片做底。因为蛋糕主要以慕斯粉制作而得名。

布丁蛋糕（pudding cake）：是用黄油、鸡蛋、白糖、牛奶混合，通过冷藏或烤制而成的一种欧式蛋糕。

黑森林蛋糕（Schwarzwäelder Kirschtorte）：翻译成“黑森林樱桃奶油蛋糕”比较恰当，因为德文全名里的 Schwarzwäelder 即为黑森林。Kirschtorte 是樱桃奶油蛋糕的意思。黑森林是位于德国西南的一个山区，从巴登（Baden ）往南一直到佛来堡（Freiburg）一带，都属黑森林区。相传在很早以前，每当黑森林区的樱桃丰收时，农妇们除了将过剩的樱桃制成果酱外，在做蛋糕时，也会非常大方地将樱桃塞在蛋糕的夹层里，或是一颗颗细心地装饰在蛋糕上。而在打制蛋糕的鲜奶油时，更会加入不少樱桃汁。这种以樱桃与鲜奶油为主的蛋糕，从黑森林传到外地后，就变成所谓的“黑森林蛋糕”了。黑森林蛋糕真正的主角是樱桃，所以黑森林不是代表黑黑的意思。

三、实验原理

制作蛋糕时，一般需要打发蛋液。利用蛋白起泡性能，机械搅拌蛋液，使蛋液中充入大量的空气。在烤制蛋糕时，蛋液中的空气受热膨胀，导致蛋糕膨松多孔。做蛋糕要用弱筋粉。

四、实验材料、仪器设备

1. 实验材料

鸡蛋、白糖、强筋粉、中筋粉和弱筋粉等。

2. 实验仪器设备

电子天平、打蛋器、各种蛋糕模具、烤炉等。

五、实验步骤

（1）海绵蛋糕配方见表 2-5-3-1。

表 2-5-3-1　海绵蛋糕的配方

配料	小麦粉（14%湿基）	鲜鸡蛋液	绵白糖
质量/g	100	130	110

（2）按表 2-5-3-1 中的配方称量材料。先称取蛋液，然后称取按配方中的比例算得的绵白糖和小麦粉的质量。

（3）制备蛋糊。将称量好的蛋液和绵白糖放入打蛋机搅拌缸中，以慢速（60 r/min）搅打 1 min；再快速（200 r/min）搅打 19 min。

（4）制备面糊：将称量的小麦粉均匀倒入蛋糊中，慢速（60 r/min）搅拌 90 s，停机；取下搅拌缸以自流淌出方式将面糊分别倒入蛋糕模具中。将装入面糊的模具用力顿几下，以赶走其中的大气泡。

（5）烘烤：把装入面糊的模具入炉（烤炉预先加热到设定温度）烘烤。设定炉温为

190℃，烘烤时间为18～20 min。

（6）品尝和品质评价。

六、结果观察与分析

根据实验结果完成表2-5-3-2。

表2-5-3-2 蛋糕评分表

项目	密度	表面状况	内部结构	弹柔性	口感	总分
得分						

附：海绵蛋糕烘焙品质评分标准

1. 蛋糕密度（30分）

蛋糕出炉后，在室温下放置2～3 min；将蛋糕从模具中拿出，冷却30 min后，放在天平上称量（精确至0.01 g）；再用面包体积仪测量体积（精确至5 mL）。计算蛋糕密度(g/mL)。蛋糕密度评分参考表2-5-3-3。

表2-5-3-3 蛋糕密度评分

密度/（g/mL）	得分	密度/（g/mL）	得分	密度/（g/mL）	得分	密度/（g/mL）	得分
2.5	7	3.4	16	4.3	25	5.2	26
2.6	8	3.5	17	4.4	26	5.3	25
2.7	9	3.6	18	4.5	27	5.4	24
2.8	10	3.7	19	4.6	28	5.5	23
2.9	11	3.8	20	4.7	29	5.6	22
3.0	12	3.9	21	4.8	30	5.7	21
3.1	13	4.0	22	4.9	29	5.8	20
3.2	14	4.1	23	5.0	28	5.9	19
3.3	15	4.2	24	5.1	27	6.0	18

2. 表面状况（10分）

蛋糕表面状况评分参考表2-5-3-4。

表2-5-3-4 蛋糕表面状况评分

评分项目	得分
表面光滑、无斑点和环纹，且上部有较大弧度	8～10
表面略有气泡和环纹，稍有收缩变形，上部有一定弧度	5～7
表面有深度环纹，收缩变形且凹陷，上部弧度不明显	2～4

3. 内部结构（30分）

蛋糕内部结构评分参考表2-5-3-5。

表 2-5-3-5　蛋糕内部结构评分

评分项目	得分
亮黄或淡黄色，有光泽，气孔较均匀，光滑细腻（参考二维码 2-5-3-1a）	23～30
黄或淡黄色，无光泽，气孔略大稍粗糙、不均匀，无坚实部分（参考二维码 2-5-3-1b）	16～22
暗黄，气孔较大且粗糙，底部气孔紧密，有少量坚实部分（参考二维码 2-5-3-1c）	8～15

4. 弹柔性（10 分）

蛋糕弹柔性评分参考表 2-5-3-6。

二维码 2-5-3-1
蛋糕内部结构
评分参考图

表 2-5-3-6　蛋糕弹柔性评分

评分项目	得分
柔软有弹性，按下去后复原很快	8～10
柔软较有弹性，按下去后复原较快	5～7
柔软性、弹性差，按下去后难复原	2～4

5. 口感（20 分）

蛋糕口感评分参考表 2-5-3-7。

表 2-5-3-7　蛋糕口感评分

评分项目	得分
味纯正、绵软、细腻，稍有潮湿感	16～20
绵软，略有坚韧感，稍干	12～15
松散发干、坚韧、粗糙或较粘牙	6～11

（李保云）

2-5-4 甜玉米可溶性糖分含量测定

一、实验目的

（1）掌握用碱性酒石酸铜溶液（费林试剂）直接滴定法测定可溶性糖分含量的原理和方法。

（2）应用到实际中，测定不同甜玉米品种、同一品种不同采收期玉米籽粒的可溶性糖分含量。

二、内容说明

甜玉米又称“水果玉米”或“蔬菜玉米”，是一种集粮、果、蔬和饲为一体的经济型作物。甜玉米的育种目标是甜度适宜、香味纯正、质地柔嫩、种皮薄等。甜玉米的糖分含量是决定其品质的最重要指标。甜玉米是利用控制籽粒淀粉合成的相关基因发生隐性突变而育成的玉米品种。这类基因突变，使玉米籽粒淀粉合成受阻，进而使蔗糖和还原糖等可溶性糖在乳熟期籽粒中大量积累。甜玉米有普甜和超甜之分。由 *su* 基因控制的普甜玉米，适宜采收期的蔗糖和可溶性多糖（water soluble polysacch-arides，WSP）的含量分别是普通玉米的 2 倍和 10 倍。普甜玉米不仅具有一定的甜味，而且有一定的糯性。但是，普甜玉米适宜采收期短，并且收获后糖分迅速转化，品质下降。由 sh_2、bt 和 bt_2 控制的超甜玉米籽粒中蔗糖含量高。例如，sh_2 甜玉米的蔗糖含量占籽粒干重的 35%以上，是普甜玉米的 2 倍。超甜玉米的显著特点是甜度高，采收期和贮存期相对较长。

可溶性糖含量对甜玉米的甜度起主要作用。可溶性糖（包括葡萄糖、果糖、麦芽糖等还原糖和蔗糖等非还原糖）是甜玉米的重要构成成分之一。因此，可溶性糖分含量测定是甜玉米品质鉴定的重要内容之一。

三、实验原理

从样品中提取可溶性糖分后，蔗糖经盐酸水解转化为还原糖。在加热条件下，样品提取液中的还原糖与酒石酸钾钠铜溶液（预先用还原糖标准溶液标定）反应，将二价铜还原为一价铜；以亚甲蓝为指示剂，稍过量的还原糖立即使蓝色的氧化型亚甲蓝还原为无色的还原型亚甲蓝，溶液由蓝色变为无色，即为滴定终点。根据样品提取液消耗量可计算样品中还原糖含量。

反应过程：

（1）碱性酒石酸铜溶液甲液＋碱性酒石酸铜溶液乙液（硫酸铜与氢氧化钠）生成氢氧化铜沉淀。

（2）氢氧化铜沉淀＋酒石酸钾钠生成酒石酸钾钠铜（可溶性络合物）。

（3）还原糖＋酒石酸钾钠铜（Cu^{2+}）生成氧化亚铜（砖红色）。

（4）氧化亚铜＋亚铁氰化钾生成可溶性复盐。

（5）还原糖（过量）＋亚甲蓝（蓝色，氧化性）生成亚甲蓝（无色，还原性）。

四、实验材料、仪器设备和试剂

1. 实验材料

不同的甜玉米品种、同一品种不同采收期的甜玉米籽粒。

2. 实验仪器设备

高速组织捣碎机、水浴锅、电磁炉、移液器、100 mL 烧杯、200 mL 和 250 mL 容量瓶、100 mL 和 200 mL 量筒、漏斗、250 mL 锥形瓶，50 mL 碱式滴定管等玻璃仪器。

3. 实验试剂

(1) 碱性酒石酸铜——甲液：称取硫酸铜（$CuSO_4 \cdot 5H_2O$，分析纯）15 g 和亚甲蓝 0.05 g，溶于水中，并定容至 1 000 mL，贮于棕色玻璃瓶中。

(2) 碱性酒石酸铜——乙液：称取酒石酸钾钠（$C_4H_4O_6KNa \cdot 4H_2O$，分析纯）50 g 和氢氧化钠 75 g 溶于水中，再加入亚铁氰化钾 4 g，完全溶解后，用水定容至 1 000 mL，贮于棕色玻璃瓶中。

(3) 转化糖标准溶液：准确称取 1.052 6 g 纯蔗糖，用 100 mL 水溶解，置于具塞三角瓶中；加 5 mL 盐酸溶液，在 68～70℃水浴中加热 15 min，放置至室温；转移到 1 000 mL 容量瓶中，并加水定容至 1 000 mL，每毫升标准溶液相当于 1.0 mg 转化糖。

(4) 葡萄糖标准溶液：准确称取 1 g 葡萄糖，加水溶解后，加入 5 mL 盐酸溶液，并加水定容至 1 000 mL。每毫升标准溶液相当于 1.0 mg 葡萄糖。

(5) 乙酸锌溶液：称取 21.9 g 乙酸锌［$Zn(CH_3COO)_2 \cdot 2H_2O$，分析纯］溶于水中，加冰乙酸 3 mL，定容至 100 mL。

(6) 亚铁氰化钾溶液：称取 10.6 g 亚铁氰化钾［$K_4Fe(CN)_6 \cdot 3H_2O$，分析纯］，加水溶解，定容至 100 mL。

(7) 盐酸溶液（1∶1，体积比）：量取盐酸 50 mL，加水 50 mL，混合均匀。

(8) 氢氧化钠溶液（40 g/L）：称取 4 g 氢氧化钠，加水溶解后冷却，并定容至 100 mL。

五、实验步骤

1. 样品提取液制备

取待测样品适量，洗净；用不锈钢刀将玉米籽粒取下，充分混匀后，按四分法取样。称取 100 g 鲜样，加入等质量的水，放入组织捣碎机中捣成 1∶1 匀浆；用 100 mL 烧杯称取匀浆 25.0 g 或 50.0 g（相当于样品 12.5 g 或 25.0 g），用水将样液全部转入 250 mL 容量瓶中，并调整体积约为 200 mL；置（80±2)℃水浴保温 30 min，其间摇动数次；取出加入乙酸锌溶液及亚铁氰化钾溶液各 2～5 mL；冷却至室温后，用水定容到 250 mL，过滤备用。

取已经制备的待测液 100 mL 于 200 mL 容量瓶中，加入 6 mol/L 盐酸溶液 10 mL；在(80±2)℃水浴加热 10 min；放入冷水槽中冷却后，加甲基红指示剂 2 滴，用 6 mol/L 及 1 mol/L NaOH 溶液中和，用水定容到 200 mL。

2. 可溶性总糖测定

(1) 碱性酒石酸铜溶液的标定：吸取碱性酒石酸铜甲、乙液各 5.00 mL，或在测定前先等体积混合后取 10.00 mL 混合液于 250 mL 锥形瓶中；加水 10 mL；加入玻璃珠 2～

4 粒；从滴定管中滴加约 9 mL 的 1 mg/mL 转化糖标准液。将此混合液置电磁炉上加热，控制在 2 min 内加热至沸腾；并继续以每滴 2～3 s 的速度滴加标准糖液，直至溶液蓝色刚好褪去为终点；记录转化糖标准液的总体积。同法平行操作 3 次，取其平均值，即得 10 mL 碱性酒石酸铜溶液所相当于还原糖的质量（mg）。

（2）预测：吸取碱性酒石酸铜甲、乙液各 5.00 mL 或 10.00 mL 甲、乙等体积混合液于 250 mL 锥形瓶中；加水 10 mL；加入玻璃珠 2～4 粒；控制在 2 min 内加热至沸腾；以先快后慢的速度，从滴定管加入待测糖液，并保持沸腾状态；待溶液颜色变浅时，以每滴 2～3 s 的速度滴定，直至溶液蓝色刚好褪尽为止，记下待测糖液的用量。

（3）准确测定：吸取碱性酒石酸铜甲、乙液各 5.00 mL 或 10.00 mL 甲、乙等体积混合液于 250 mL 锥形瓶中；加水 10 mL；加入玻璃珠 2～4 粒；从滴定管加入比预测体积少 1 mL 的待测糖液；控制在 2 min 内加热至沸腾；保持沸腾状态继续以每滴 2～3 s 的速度滴定，直至溶液蓝色刚好褪尽为止；记下待测糖液的总用量。同法平行操作 3 次，取平均值，得出平均消耗体积（V）。填写表 2-5-4-1。

表 2-5-4-1　测定试验记录

样品名称	样品质量/g	费林试剂/mL		准确测定 待测液体积/mL	
		甲液	乙液	待测液体积	平均值
		5	5		
		5	5		
		5	5		
		5	5		
		5	5		
		5	5		
		5	5		
		5	5		
		5	5		

六、实验结果与分析

实验结果计算：

$$X=\frac{M}{W\times\frac{V}{250}\times\frac{100}{200}\times 1\,000}\times 100\%$$

式中：W 为样品质量（g）。

M 为 10 mL 碱性酒石酸铜溶液相当的转化糖（mg）。

V 为准确滴定时所用待测液体积的平均值（mL）。

250 为样品处理提取的定容体积（mL）。

100 为过滤后的量取体积（mL）。

200 为酸水解后的定容体积（mL）。

1 000 为由毫克换算为克的系数。

七、注意事项

（1）费林试剂甲液和乙液应分别贮存，用时混合，否则酒石酸钾钠铜络合物长期在碱性条件下会慢慢分解，析出氧化亚铜沉淀，使试剂有效浓度降低。

（2）滴定时不能随意摇动锥形瓶，更不能把锥形瓶从热源上取下来滴定，以防止空气进入反应溶液中。

（3）滴定必须在反应液沸腾的条件下进行，其原因主要有：①加快还原糖与 Cu^{2+} 的反应速度；②亚甲蓝的变色反应是可逆的，还原型的亚甲蓝遇空气中的氧气时会再被氧化为氧化型。保持反应液沸腾，可防止空气进入，避免亚甲蓝被氧化而增加消耗量。

（4）预测的目的：预测可以知道被测样品溶液大概消耗量，以便在正式测定时，预先加入比实际用量少 1 mL 左右的样液，只留下 1 mL 左右样液在继续滴定时加入，保证在 1 min 之内完成继续滴定工作，提高测定的准确度。

（5）当提取液中可溶性糖浓度过高时，应适当稀释后再进行正式滴定，使每次滴定消耗的提取液体积与标定时消耗的标准液体积相近。

八、思考题

1. 为什么在整个滴定过程中必须使溶液处于沸腾状态?
2. 滴定时预测样品溶液的体积有何作用?
3. 在滴定过程中，影响测定结果的主要操作因素是什么?
4. 怎么测定甜玉米样品中还原性糖与非还原性糖的含量?

（张义荣）

2-5-5 稻米品质鉴定

一、实验目的

（1）熟悉稻米品质的内容和鉴定指标。

（2）掌握稻米品质性状的鉴定方法。

（3）掌握稻米胶稠度的测定方法。

（4）了解不同稻米类型蒸煮品质的差异。

二、内容说明

稻米品质比较复杂。不同用途的稻米对品质的要求不同。稻米和稻谷的品质主要包括碾米品质、外观品质、营养品质、蒸煮品质和食味品质等。

1．碾米品质

碾米品质是指稻谷在碾磨后保持的特性。衡量碾米品质的指标主要有糙米率、精米率和整精米率。糙米是指脱去谷壳的谷粒。糙米率为糙米质量占稻谷质量的百分率。一般稻谷的糙米率为80％～84％。精米为去掉糠皮和胚的米。精米率为精米质量占稻谷质量的百分率。一般稻谷的精米率为70％～75％。整精米是指整粒而无破碎的精米粒。整精米率为整精米质量占稻谷质量的百分率。整精米率的高低因品种的不同而差异很大，一般在25％～65％。

优质水稻品种要求“三率”高，即糙米率高，精米率高，整精米率高。其中整精米率是碾米品质中较重要的一个指标。整精米率高，说明同样数量的稻谷能碾出较多的整精米，稻谷具有较高的商品价值。

2．外观品质

外观品质也称商品品质。稻米外观品质包括精米长、精米粒型（长/宽）、精米粒透明度、垩白米率、垩白大小和垩白度等外观物理特性。其中垩白的有无、大小及垩白米率是水稻品种最重要的外观品质性状。垩白无或小、垩白米率低的水稻品种是米质优的品种。

3．营养品质

稻米的营养品质是指稻米中的营养成分、种类及含量。其中的营养成分包括淀粉、蛋白质、脂肪、维生素、氨基酸及矿物质等。

4．蒸煮品质

稻米的蒸煮品质主要是指稻米在蒸煮过程中表现出来的特性。衡量稻米蒸煮品质的理化指标有直链淀粉含量、胶稠度、糊化温度、稻米香味及蒸煮后的米粒延长性等。

5．食味品质

稻米的食味品质主要由米饭的光泽度、黏散性、柔软性、颜色、弹性、食味、冷饭质地和综合口感等因素决定。

稻米品质是一个包括多项指标的综合概念。因此，对稻米品质的评定，不只是单项品质指标的高低、优劣的评定，而是众多稻米品质指标的综合评定。

三、实验原理

胶稠度的测定：不同水稻品种的稻米在蒸煮过程中，米粉胀性不同，米胶稠度也不同。

根据米饭越软米粉胀性越小，米胶越稀，米胶流动的长度越长的原理测定稻米的胶稠度。

食味品质的测定：米粒（或米粉）在蒸煮过程中，由于不同类型稻米成分含量有差异，特别是直链淀粉和支链淀粉的含量不同，可产生不同的理化特性和口感。

四、实验材料和仪器设备

1. 实验材料

不同水稻品种的稻谷；普通米粉和糯米粉。

2. 仪器设备

糙米机、碾磨机、圆孔筛（直径 1.0 mm、2.0 mm）、高速样品粉碎机、100 目（0.15 mm）铜丝筛、沸水浴锅、冰水浴箱、小培养皿、移液器（200 μL、1 000 μL）、分析天平（感量 0.000 1 g）、坐标纸、蒸锅、电磁炉、涡流振荡器、小玻璃试管（13 cm×1.1 cm）、玻璃弹子（直径 1.5 cm）、小搪瓷盘、5 倍放大镜、镊子、单面刀片等。

3. 试剂

NaOH、KOH、95%乙醇溶液、麝香草酚蓝。

0.025%麝香草酚蓝（百里酚蓝）95%乙醇溶液：称取 125 mg 麝香草酚蓝，溶于 95%乙醇中；定容至 500 mL。

0.2 mol/L 的氢氧化钾溶液：称取 5.6 g 的 KOH，溶于去离子水中；定容至 500 mL。

五、实验步骤

1. 稻谷碾磨品质鉴定

稻谷碾磨品质包括糙米率、精米率和整精米率。

（1）糙米率的测定

① 取供试水稻品种稻谷试样 100 g，放在糙米机上脱壳，获得糙米。

② 称取糙米质量（精确到 0.1 g）。

③ 计算糙米率：

$$\text{糙米率}=\frac{\text{糙米质量（g）}}{\text{稻谷试样质量（g）}}\times 100\%$$

（2）精米率的测定

① 将已称量的糙米试样放在碾磨机上碾磨 5～10 min，去净糙米糠皮。

② 取出精米，用直径 1.0 mm 圆孔筛筛去米糠，待精米冷却至室温后称其质量（精确到 0.1 g）。

③ 计算精米率：

$$\text{精米率}=\frac{\text{精米质量（g）}}{\text{稻谷试样质量（g）}}\times 100\%$$

（3）整精米率的测定

① 筛选法：

a. 将已称量的精米试样放入直径 2.0 mm 圆孔筛内，下接筛底，上盖筛盖，放在电动筛选器托盘上，让筛选器自动顺时针、逆时针各筛 1 min。

b. 筛停后静止片刻，把筛内的精米倒入样品盘内，卡在筛孔中间的米粒属筛上物。

c. 按分类标准分别拣出整粒米，并称量（精确到 0.1 g）。

d. 计算整精米率：

$$整精米率=\frac{整粒精米质量\ (g)}{稻谷试样质量\ (g)}\times 100\%$$

② 手选法：把精米放在干净的台桌上或者搪瓷盘内，用手拣出整粒精米，称量（精确到 0.1 g），计算整精米率（同筛选法）。

参照表 2-5-5-1 评价所测样品的碾米品质级别。

表 2-5-5-1 优质稻谷碾米品质指标（GB/T 17891—2017)

类别	等级	整精米率/%		
		长粒	中粒	短粒
籼稻谷	1	≥56.0	≥58.0	≥60.0
	2	≥50.0	≥52.0	≥54.0
	3	≥44.0	≥46.0	≥48.0
粳稻谷	1		≥67.0	
	2		≥61.0	
	3		≥55.0	

注：优质籼稻谷依据糙米的长度分为长粒（长度＞6.5 mm）、中粒（长度为 5.6～6.5 mm）和短粒（长度＜5.6 mm）。

2. 稻米外观品质鉴定

稻米外观品质是决定稻米市场价格的重要因素，包括垩白粒率、透明度、米粒长度和形状等性状。

(1) 垩白粒率的测定　垩白粒率是指垩白粒占试样总粒数的百分比。

①随机取整精米 100 粒，逐粒目测，拣出明显的、白色不透明的垩白米粒，并计数。

②计算垩白粒率：

$$垩白粒率=\frac{垩白米粒数}{试样总粒数}\times 100\%$$

(2) 垩白大小和垩白度的测定

①从拣出的垩白米粒中，随机数取 100 粒，逐粒目测清晰可辨的垩白面积占该整粒米平面投影面积的百分率。

②按标准分级，然后用加权法计算试样（100 粒）平均垩白大小（级或面积）：

$$垩白大小(级或面积)=\frac{\sum 各米粒垩白级别(或面积)}{100}$$

③计算垩白度：

$$垩白度\ (\%)=垩白粒率\ (\%)\times 垩白大小\ (级或面积)$$

(3) 米粒长/宽的测定

精米的长度是指米粒两端最大的距离；宽度是指米粒最宽处的距离。

①随机取整精米 10 粒，并排量其长度（mm）和宽度（mm）（精确到 0.1 mm）。

②求出长度和宽度的平均值。

③计算长/宽：

长/宽＝米粒平均长度（mm）/米粒平均宽度（mm）

参照表 2-5-5-2 至表 2-5-5-4 评价所测样品的外观品质级别。

表 2-5-5-2　优质籼稻谷粒型长度指标（GB/T 17891—2017）

类别	长粒	中粒	短粒
长度/mm	＞6.5	5.6～6.5	＜5.6

表 2-5-5-3　优质稻谷外观品质指标（GB/T 17891—2017）

类别	等级	垩白度/%
籼稻谷	1	≤2.0
	2	≤5.0
	3	≤8.0
粳稻谷	1	≤2.0
	2	≤4.0
	3	≤6.0

表 2-5-5-4　稻米垩白大小分级标准（IRRI）

级别	垩白面积标准
0	0
1	小，垩白面积＜10%
2	中等，垩白面积 10%～20%
3	大，垩白面积＞20%

3. 稻米蒸煮品质鉴定

（1）胶稠度　胶稠度是指 4.4%的米胶在冷却时的黏稠度。胶稠度与米饭硬度呈正相关，可作为衡量米饭软硬的指标。胶稠度的测定方法一般用米胶延伸法。

①配试剂：0.2 mol/L KOH，0.025%麝香草酚蓝乙醇（95%）溶液。

②碾磨样品：将试样（含水量 12%左右）用高速样品粉碎机碾磨成细粉，过 100 目筛。

③称取米粉试样 100 mg 置于小玻璃试管中。

④加入 0.2 mL 0.025%麝香草酚蓝乙醇（95%）溶液（乙醇能防止用碱糊化过的米粒结块；麝香草酚蓝可使碱性胶糊醒目，便于观测米胶的前沿），并轻轻摇动试管，使米粉充分分散。

⑤加入 2 mL 0.2 mol/L 的氢氧化钾溶液，并摇动试管，置于涡旋振荡器上使米粉充分分散而不沉淀结块。

⑥紧接着把试管放入沸水浴中，用玻璃弹子盖好试管口，加热 8 min；控制试管内米胶溶液液面在加热过程中处于试管高度的 2/3 左右。

注意：在放入沸水浴锅前，要再次摇动试管，使米粉充分分散而无结块、沉淀现象。试管放入水浴锅后，要保持试管内液面低于水浴锅的水面。要求沸腾的米胶高度始终维持在试管长度的2/3左右，不应超出，更不可溢出。当试管内溶液上升过猛有溢出的危险时，可用手向上提升试管降低温度，以防止溶液溢出。当试管溶液不上升时，可能是米粉结块或沉淀于管底，应立即摇动试管，否则测定结果不准确。

⑦取出试管，拿去玻璃弹子；室温（25±2)℃下静置冷却5 min；再将试管放在0℃左右的冰水浴中冷却20 min。

⑧从冰水浴中取出试管，放在水平的坐标纸上；室温（25±2)℃下静置1 h；测量米胶流动长度（mm）(自管底至米胶前沿的长度)。

硬胶稠度、中等胶稠度和软胶稠度的标准参见表2-5-5-5。

表2-5-5-5　稻米胶稠度分级

胶稠度等级	米胶长度/mm
硬胶稠度	≤40
中等胶稠度	41～60
软胶稠度	≥61

注意：在实验过程中，胶稠度测定不准的原因可能有：①所测样品贮存时间不足。②米粉过粗，或用精细度不足的米粉。③米粉量不足（称量不足；含水量超过12 %；倒入试管时损失；试管潮湿，管壁粘有米粉等)。④KOH溶液量或乙醇量过多或过少。⑤KOH溶液浓度过高或过低；乙醇含量过高或过低。⑥混合不匀，沸水浴水温过低使米粉下沉结块。⑦ 冰水浴时，温度过高或过低；水平静置时，室温过高或过低。⑧静止放置时，管口边偏高或偏低等。

(2) 蒸煮品质

①米饭的制备

a. 小量样品米饭的制备

称样：称取每份10 g试样于蒸饭皿（60 mL带盖的铝或不锈钢盒）中。

洗米：将称量后的试样倒入沥水筛（CQ16筛）；将沥水筛置于盆内；快速加入300 mL水，顺时针搅拌10圈，逆时针搅拌10圈；快速换水重复上述操作一次；再用200 mL蒸馏水淋洗1次；沥尽余水；放入蒸饭皿中。洗米时间控制在3～5 min。

加水浸泡：籼米加蒸馏水量为样品量的1.6倍；粳米加蒸馏水量为样品量的1.3倍。加水量可依据米饭软硬适当增减。浸泡水温25℃左右，浸泡30 min。

蒸煮：蒸锅内加入适量的水，用电磁炉加热至沸腾；取下锅盖，再将盛放样品的蒸饭皿加盖后置于蒸屉上，盖上锅盖，继续加热并开始计时，蒸煮40 min；停止加热，焖制20 min。

品尝：将不同试样的蒸饭放在白瓷盘上（每人1盘），每盘4份试样，以便趁热品尝。

b. 大量样品米饭的制备

洗米：称取500 g试样放入沥水筛内，将沥水筛置于盆中；快速加入1 500 mL自来水，每次顺时针搅拌10圈，逆时针搅拌10圈；快速换水重复上述操作一次；再用1 500 mL蒸馏水淋洗1次；沥尽余水；倒入相应编号的直热式电饭锅内。洗米时间控制在3～5 min。

加水浸泡：籼米加蒸馏水量为样品量的1.6倍；粳米加蒸馏水量为样品量的1.3倍。加水量可依据米饭软硬适当增减。浸泡水温25℃左右，浸泡30 min。

蒸煮：电饭锅接通电源开始蒸煮米饭。在蒸煮过程中不得打开锅盖；电饭锅的开关跳开后，再焖制 20 min。

搅拌米饭：用饭勺搅拌煮好的米饭。首先从锅的周边松动米饭，使米饭与锅壁分离；再按横竖两个方向各平行滑动 2 次，接着用筷子上下搅拌 4 次，使多余的水分蒸发之后盖上锅盖，再焖 10 min。

品尝：将约 50 g 试样米饭松松地盛入小碗（不宜在锅周边取样），然后倒扣在白色瓷餐盘（直径 20 cm 左右，盘子上标明样品摆放顺序，如图 2-5-5-1 所示）上不同位置（每人一盘），米饭呈圆锥形，以便趁热品尝。

②食味评定　按照米饭气味、外观、适口性和冷饭质地的顺序评定。趁热先鉴定米饭是否有米饭清香味、香味；接着观察米饭色泽，饭粒结构；再通过咀嚼、品尝鉴定米饭的柔软性、黏散性及滋味；再过 1 h，评定冷饭质地，看是否柔软松散，是否黏结成团。

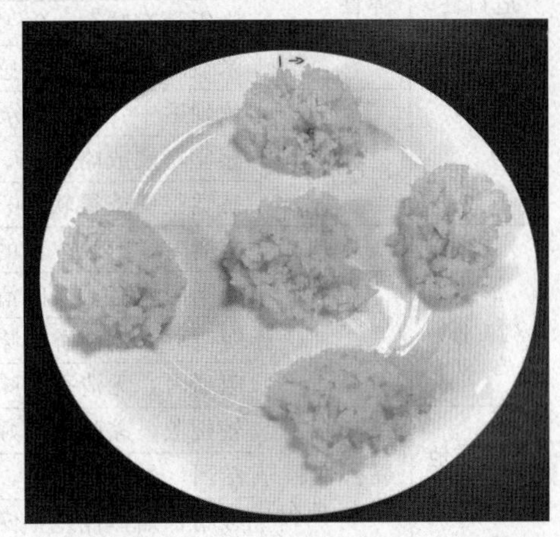

图 2-5-5-1　米饭品鉴样盘

根据评定人员感官鉴定评分。

a. 评分方法一

根据米饭的气味（趁热将米饭置于鼻腔下方，适当用力地吸气，仔细辨别米饭的气味）、外观结构（米饭表面的颜色、光泽和饭粒完整性）、适口性（黏性、软硬度、弹性）、滋味和冷饭质地（米饭在室温下放置 1 h 后，品尝判断冷饭的黏弹性、黏结成团性和硬度），对比参照样品（综合评分为 75 分的样品）进行评分，综合评分为各项得分之和。评分规则和记录表格式见表 2-5-5-6。

表 2-5-5-6　米饭感官评价评分规则和记录表（评分方法一）

品评人姓名：　　性别：　　年龄：　　出生地：　　　　品评时间：　　年　月　日　午　时　分

一级指标分值	二级指标分值	具体特性描述：分值	样品得分				
			No. 1	No. 2	No. 3	…	…
气味（20 分）	纯正性、浓郁性（20 分）	具有米饭特有的香气，香气浓郁：18～20 分					
		具有米饭特有的香气，米饭清香：15～17 分					
		具有米饭特有的香气，香气不明显：12～14 分					
		米饭无香味，但无异味：7～11 分					
		米饭有异味：0～6 分					
外观结构（20 分）	颜色（7 分）	米饭颜色洁白：6～7 分					
		米饭颜色正常：4～5 分					
		米饭发黄或发灰：0～3 分					
	光泽（8 分）	有明显光泽：7～8 分					
		稍有光泽：5～6 分					
		无光泽：0～4 分					
	饭粒完整性（5 分）	米饭结构紧密，饭粒完整性好：4～5 分					
		米饭大部分结构紧密，饭粒完整：3 分					
		米饭粒出现爆花：0～2 分					

续表2-5-5-6

一级指标分值	二级指标分值	具体特性描述：分值	样品得分				
			No. 1	No. 2	No. 3	…	…
适口性（30分）	黏性（10分）	滑爽、有黏性，不粘牙：8～10分					
		有黏性，基本不粘牙：6～7分					
		有黏性，粘牙；或无黏性：0～5分					
	弹性（10分）	米饭有嚼劲：8～10分					
		米饭稍有嚼劲：6～7分					
		米饭疏松、发硬，感觉有渣：0～5分					
	软硬度（10分）	软硬适中：8～10分					
		感觉略硬或略软：6～7分					
		感觉很硬或很软：0～5分					
滋味（25分）	纯正性、持久性（25分）	咀嚼时，有较浓郁的清香味和甜味：22～25分					
		咀嚼时，有淡淡的清香滋味和甜味：18～21分					
		咀嚼时，无清香滋味和甜味，但无异味：16～17分					
		咀嚼时，无清香滋味和甜味，但有异味：0～15分					
冷饭质地（5分）	成团性、黏弹性、硬度（5分）	较松散，黏弹性较好，硬度适中：4～5分					
		结团，黏弹性稍差，稍硬：2～3分					
		板结，黏弹性差，偏硬：0～1分					
综合评分							
备注							

综合评分以50分以下为很差；51～60分为差；61～70分为一般；71～80分为较好；81～90分为好；90分以上为优。

b. 评分方法二

分别将试验样品米饭的气味、外观结构、适口性、滋味、冷饭质地和综合评分与参照样品一一比较评定。根据好坏程度，以“稍”“较”“最”“与参照样品相同”的7个等级进行评分。评分记录表格式见表2-5-5-7。

表2-5-5-7 米饭感官评价评分记录表（评分方法二）

品评人姓名：　　性别：　年龄：　出生地：　　品评时间：　　年　月　日　午　时　分

参照样品：　　试样编号：No.

项目	与参照样品比较						
	不好			与参照样品相同	好		
	最	较	稍		稍	较	最
评分	−3	−2	−1	0	+1	+2	+3
气味							
外观结构							
适口性							
滋味							
冷饭质地							
综合评分							
备注							

注：1. 与参照样品比较，根据好坏程度在相应栏内画“○”。2. 综合评分是按照评价员的感觉、嗜好和与参照样品比较后进行的综合评价。3.“备注”栏填写对米饭的特殊评价（可以不填写）。

在评分时，可参照表 2-5-5-8 所列的米饭感官品质评价内容与描述。

表 2-5-5-8　米饭感官评价内容与描述

评价内容		描述
气味	特有香气	香气浓郁；香气清淡；无香气
	有异味	陈米味和不愉快味
外观结构	颜色	颜色正常，米饭洁白；颜色不正常，发黄、发灰
	光泽	表面对光反射的程度：有光泽、无光泽
	完整性	保持整体的程度：结构紧密；部分结构紧密；部分饭粒爆花
适口性	黏性	黏附牙齿的程度：滑爽、黏性、有无粘牙
	软硬度	臼齿对米饭的压力：软硬适中；偏硬或偏软
	弹性	有嚼劲；无嚼劲；疏松；干燥、有渣
滋味	纯正性、持久性	咀嚼时的滋味：甜味、香味以及味道的纯正性、浓淡和持久性
冷饭质地	成团性、黏弹性、硬度	冷却后米饭的口感：黏弹性和回生性（成团性、硬度等）

六、结果观察与分析

(1) 以 2 个籼稻品种和 2 个粳稻品种为材料，分小组测定各供试品种的糙米率（%）、精米率（%）和整精米率（%），并评价各品种的碾米品质。

(2) 根据供试水稻品种的米粒形状、大小和垩白性状，评价其外观品质。

(3) 测定各供试稻米类型的胶稠度和蒸煮品质，并对各稻米类型的蒸煮品质进行评价。

(4) 分析影响稻米品质的主要因素。分析如何提高稻米品质评价结果的稳定性和可靠性。

七、注意事项

涉及定量的品质性状，至少要进行 2 次技术重复。技术重复间允许误差：糙米率、精米率不超过 1%；整精米率不超过 2%；垩白粒率不超过 5%；垩白大小不超过 1 级；垩白度不超过 10%；长/宽不超过 0.1；硬胶稠度不超过 3 mm，中等胶稠度不超过 5 mm，软胶稠度不超过 7 mm。

（李保云）

2-5-6 利用近红外光谱分析仪测定农作物品质性状

一、实验目的

(1) 了解近红外光谱分析仪快速测定农作物籽粒淀粉含量、蛋白质含量、脂肪含量等品质性状的原理与方法。

(2) 利用已建立的模型，测定玉米、小麦、水稻等作物不同品种籽粒的营养成分含量。

二、内容说明

近红外反射光谱（near infrared reflectance spectroscopy，NIRS）分析技术是利用化学物质在近红外光谱区的光学吸收特性，来快速测定某种样品中的一种或多种化学成分含量和特性的测定技术。近红外光谱区是指波长范围介于可见区（visible area，VIS）和中红外区（mid infrared region，MIR）之间的电磁波，其波长范围为 780～2 500 nm（波数范围为 12 820～4 000 cm^{-1}）。

近红外光谱区是由 Tomas Herschel 于 1800 年发现的。进入 20 世纪 80 年代后，计算机技术的迅速发展带动了分析仪器的数字化和化学计量学的发展，近红外光谱在各领域中的应用研究陆续展开。

根据检测对象的不同，近红外光谱分析技术可分为近红外透射光谱（波长 780～1 100 nm）和近红外反射光谱（波长 1 100～2 500 nm）分析技术。

物质对光的反射有规则反射（镜面反射）和漫反射两种。规则反射是指分析光照射到物质表面上被有规则地反射的现象。分析光并未与样品内部发生相互作用。规则反射不能反映出分析光与样品内部相互作用的信息。漫反射是指分析光进入物质分子内部后，经过多次反射、折射、衍射和吸收后，无规则地返回至物质表面的现象。分析光与样品内部分子发生相互作用，因而可得到样品的结构和组成信息。结合现代数学方法和计算机技术，光谱分析技术应用日益广泛。

近红外光谱技术存在以下优点：①适用的样品范围广，不需要对样品做任何化学和物理的预处理，可用于非破坏性测定、原位分析、在线分析等。②测定方法简单易行，可直接用于测定液体、固体（颗粒或粉末）等样品，不损耗样品，是一种无损的分析技术。③分析速度快，通过已建立的校正模型，测定一个样品通常只需要 1～2 min，极大地缩短了测试周期。④分析效率高，可同时测定样品中的多种组分和性质，大大提高测试效率。

三、实验原理

近红外光谱分析技术的基本原理，就是利用有机物和部分无机物分子中的化学键结合各种化学基团，如 C═C、N═C、O═C、O═H 和 N═H 等，这些基团的伸缩、振动和弯曲等运动都有固定的振动频率，当分子受到红外线照射时，其被激发产生共振，同时光的一部分能量也被吸收。通过测量其吸收光，可得到表示被测物质特征的光谱。

不同物质在近红外光谱区域有丰富的吸收光谱，每种成分都有特定的吸收特征。例如，农产品中的蛋白质、淀粉、纤维素、脂肪等成分具有含氢基团，在近红外光谱区都有特定的吸收光谱，这为近红外光谱定性、定量分析提供了依据。

近红外光谱分析技术是依据化学成分对近红外光谱区的吸收特性而进行的定量测定，因此，应用近红外光谱技术的关键就是要在两者之间建立一种定量的函数关系。

近红外光谱模型分析主要是通过建立校正模型，从而对未知样品进行定性和定量分析的。建立近红外光谱分析模型的步骤包括：①要选择具有代表性的样品（其组成和变化范围要接近分析的样品），并测定其近红外光谱。所选择的样品考虑种植产地、种植年份、遗传多样性等多种因素，尽可能地具有代表性。②采用国家标准或者准确的测定方法来测定样品的组成或性质的数据（即化学值）。③根据已经测定好的近红外光谱和对应的化学值，按照主成分分析法，对所选择的样品来源、浓度梯度等将样品分为校正集和验证集，通过合理的化学计量学方法建立校正模型。在光谱与化学值关联之前，为了减轻或者消除各种因素对光谱的干扰，需要采用合适的预处理方法对光谱数据进行处理。④对未知样品的组成和性质进行测定。同时，在对未知样品测定前，要根据测定的光谱对校正模型的适应性和准确性进行判定，以此来确定所建立的模型是否可以对未知样品进行测定（图 2-5-6-1）。进行多组分分析时，对应每一组分均须建立各自的数学模型。

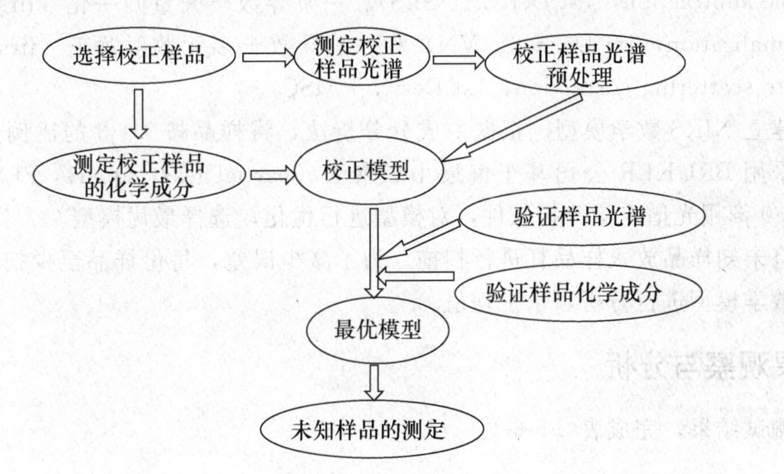

图 2-5-6-1　近红外光谱模型的建立及应用路线

四、实验材料和仪器设备

1. 建模所用实验材料

按照建立 NIRS 校正模型的要求，所选择的校正样品尽可能涵盖将要分析样品成分含量的范围，同时还要考虑样品的成分含量和梯度。样品应均匀分布，并具有建模所用的淀粉含量、直链淀粉含量、蛋白质含量、脂肪含量等化学测定值。

2. 测试材料

不同品种的玉米、小麦、水稻等种子。

3. 仪器设备

MPA 型傅立叶变换近红外光谱仪（德国 BRUKER 公司）及配套的 Quant 定量分析软件，石英样品杯。

傅立叶变换近红外光谱仪工作参数：扫描谱区范围为 4 000～12 000 cm^{-1}；扫描次数为 64 次；分辨率为 8 cm^{-1}。

五、实验步骤

（1）为了消除玉米籽粒内含水量不同对扫描光谱的影响，在样品进行扫描光谱前，将玉米籽粒放入 45℃烘箱中，烘 60 h。

（2）在直径为 50 mm 的旋转样品杯内放入待测光谱的玉米籽粒，其量大约半杯；盖上黑色旋转盖，即开始扫描样品，收集样品的近红外光谱。为了消除样品籽粒大小、均匀性不一致等因素对所扫描光谱的影响，每个样品做 3 个重复，计算其平均光谱并存入计算机中。

（3）光谱预处理。光谱预处理方法包括常量扣减（constant offset elimination，COE）、直线相减（straight line subtraction，SLS）、矢量归一化（vector normalization，VN）、最大最小归一化（min-max normalization，MMN）、多元散射矫正（multivariate scattering correction，MSC）、内标法（internal standard）、一阶导数（first derivative，1st Deriv.）、二阶导数（second derivative，2nd Deriv. ）、一阶导数＋直线相减（first derivative＋straight line subtraction，1st Deriv. ＋ SLS）、一阶导数＋矢量归一化（first derivative＋vector normalization，1st Deriv. ＋ VN）和一阶导数＋多元散射矫正（first derivative＋multivariate scattering correction，1st Deriv. ＋MSC）。

（4）建立 NIRS 数学模型。根据主成分分析法，将样品按 7∶3 的比例分成校正集和验证集。采用 BRUKER 公司基于偏最小二乘法（partial least square，PLS）的 OPUS/QUANT4.0 商用光谱定量分析软件，对模型进行优化，选择最优模型。

（5）将未知样品放入样品杯进行扫描。为了减少误差，每份样品至少扫描 3 次，利用已建立的数学模型进行分析，求平均值。

六、结果观察与分析

根据测试结果，完成表 2-5-6-1。

表 2-5-6-1　农作物品质性状测定记录表

<table>
<tr><th rowspan="2">品种名称</th><th colspan="2">蛋白质含量/%</th><th colspan="2">淀粉含量/%</th><th colspan="2">脂肪含量/%</th></tr>
<tr><th>3 次测定结果</th><th>平均值</th><th>3 次测定结果</th><th>平均值</th><th>3 次测定结果</th><th>平均值</th></tr>
<tr><td rowspan="3">品种 1</td><td></td><td rowspan="3"></td><td></td><td rowspan="3"></td><td></td><td rowspan="3"></td></tr>
<tr><td></td><td></td><td></td></tr>
<tr><td></td><td></td><td></td></tr>
<tr><td rowspan="3">品种 2</td><td></td><td rowspan="3"></td><td></td><td rowspan="3"></td><td></td><td rowspan="3"></td></tr>
<tr><td></td><td></td><td></td></tr>
<tr><td></td><td></td><td></td></tr>
<tr><td rowspan="3">品种 3</td><td></td><td rowspan="3"></td><td></td><td rowspan="3"></td><td></td><td rowspan="3"></td></tr>
<tr><td></td><td></td><td></td></tr>
<tr><td></td><td></td><td></td></tr>
</table>

七、注意事项

（1）近红外光谱分析方法是一种间接分析作物品质性状的技术，需要用一定数量的标准样品。标准样品的选择要具有代表性，遗传多样性广，变异范围大。经标准方法测定其组成及性质，化学分析一定要准确。

（2）测量结果准确与否与建模的质量及其合理应用密切相关，每一种校正模型只适应一定时间或空间范围，需要不断对模型进行校正或维护。

（3）在测定时，样品装载的深度、密实程度对光谱也有影响，装样条件尽可能保持一致。保持仪器良好的状态。环境中的温度、湿度也会对光谱测定产生一定的影响，应尽可能避免环境影响产生的误差。

（张义荣）

2-6 玉米杂交种分子标记鉴定

一、实验目的

（1）了解分子标记的原理；了解分子标记在玉米品种纯度鉴定中的应用。

（2）掌握玉米分子标记的使用方法。

二、内容说明

品种纯度检验是新品种保护和种子生产的技术依据，对种子生产具有重要的影响。品种纯度检验包括两方面内容，即品种真实性和品种纯度。品种的真实性是指一批种子所属品种与品种的特性是否相符。玉米杂交种是由两个自交系杂交而成的，利用分子标记技术能快速高效地对玉米杂交种的真伪进行鉴定。分子标记（molecular markers）是以个体间遗传物质内核苷酸序列变异为基础的遗传标记，是 DNA 水平遗传多态性的直接反映。

高等生物的基因组中含有大量的重复序列，其中一类由几个核苷酸（一般为 1～6 个）为重复单位组成的长达几十个核苷酸的串联重复序列，称为微卫星序列。每个微卫星两侧的序列一般是相对保守的单拷贝序列。根据其两端的序列设计一对特异引物，利用 PCR 技术，扩增每个位点的微卫星序列，电泳分析核心序列的长度多态性。微卫星标记——简单重复序列（simple sequence repeats，SSR）已经成为广泛使用的一种以特异引物 PCR 为基础的分子标记技术。

三、实验原理

对玉米杂交种和两个亲本进行分子标记检测，杂交种由于继承了来自双亲的 DNA，会同时表现出父本和母本分子标记的类型。真的杂交种 DNA 指纹图谱表现为父、母本双亲带型的互补，不会出现互补带型之外的新带型。

四、实验材料、仪器设备和试剂

1. 实验材料

综 3、87-1、综 3/87-1 F_1、两个假杂种。

PH6WC、TZ-1、PH6WC/TZ-1 F_1、两个假杂种。

2. 实验仪器设备

稳压稳流电泳仪及配套电泳槽、PCR 仪。

3. 实验试剂

40% PAGE 溶液（5 L)：去离子水 2 000 mL，N，N′-亚甲基双丙烯酰胺 50 g，丙烯酰胺 1 950 g，搅拌器搅拌，充分溶解，定容至 5 L。

6×Loading Buffer（100 mL)：0.5 mol/L EDTA（pH 8.0）2 mL，去离子甲酰胺 98 mL，溴酚蓝 0.05 g，二甲苯氰 0.05 g。

5×TBE 缓冲液（5 L）：Tris 270.00 g，硼酸 137.50 g，EDTA-Na_2 18.61 g，搅拌器搅拌充分溶解，去离子水定容至 5 L。

8% PAGE 溶液：40% PAGE 溶液稀释 5 倍，即按 40% PAGE∶5×TBE 缓冲液∶去离子水＝1∶1∶3 的比例稀释。

20%APS：过硫酸铵 20.00 g，去离子水定容至 100 mL。

1×TBE 电泳缓冲液：5×TBE 缓冲液稀释 5 倍，即按 5×TBE 缓冲液∶去离子水＝1∶4 的比例稀释。

五、实验步骤

1. 总 DNA 的提取

玉米自交系及杂交种 F_1 幼嫩叶片总 DNA 的提取采用改良的 CTAB 法，具体方法和程序如下：

(1) 取玉米幼嫩叶片 10～20 mg，置于 1.5 mL Eppendorf 管中，加入液氮，研成细粉。

(2) 在离心管中加入 65℃预热的 1×CTAB 提取缓冲液 600 μL，轻轻振荡混匀。

(3) 在 65℃水浴锅中温浴 30 min，且每 10 min 小心摇动离心管一次。

(4) 30 min 后取出离心管，在通风橱中加入等体积氯仿∶异戊醇（24∶1)，并小心充分摇动离心管 2～3 min；然后静置至有机相由无色→绿色→深绿色。

(5) 室温下，10 000 r/min 离心 10 min；然后吸上清液 500 μL 至新的离心管中。

(6) 在上清液中加入等体积预冷的异丙醇（－20℃），小心混匀后于－20℃放置 15 min。

(7) 室温下，10 000 r/min 离心 5 min；小心倒掉上清液后加入 70%乙醇 600 μL，进行漂洗，轻微摇动离心管，使 DNA 悬浮起来。

(8) 室温下，10 000 r/min 离心 3 min；然后小心倒掉上清液，并放置常温干燥。

(9) 待 DNA 晾干后，加入适量的灭菌 ddH_2O（双蒸水），充分溶解 DNA。

(10) 用紫外分光光度计检测 DNA 的浓度和纯度，存在－20℃冰箱中备用。

2. PCR 扩增

PCR 反应体系（10 μL 体系）如下：

40 ng /μL 模板 DNA	1 μL
引物	2 μL
10×PCR Buffer	1 μL
dNTPs	0.2 μL
TaqDNA 聚合酶	0.1 μL
ddH_2O	5.7 μL
合计	10 μL

PCR 反应程序如下：

94℃	5 min
循环 36 次 94℃	30 s
55℃	30 s
72℃	30 s
72℃	10 min
12℃	—

3. 聚丙烯酰胺凝胶电泳检测

（1）制胶

①将干净的两块玻璃板及垫片用夹子夹紧；8%的胶：20%APS：TEMED 按 1 000：10：1 的体积比配好混匀，快速封底。

②准备干净的梳子，待封底的胶凝固，依每板 35 mL 的 8%的胶按①中同样的比例配胶，立即灌胶；如有气泡，轻轻敲打玻璃板赶出气泡，平行插入干净的梳子。

③为防止残胶，待胶凝固后及时小心拔出梳子；将胶板固定在电泳槽上，加入 1×TBE 缓冲液。

（2）电泳

①用 PCR MIX 做 PCR 反应体系点 2 μL 样品，每板有 1 个孔点 2 μL D2000maker。(如果不是用 PCR MIX 做的 PCR 反应，在扩增的 PCR 产物中加入 2.0 μL 的 6×Loading Buffer，离心后，每孔点样 4 μL，且每板有 1 孔点 2 μL 的 D2000maker)。

②常温下，在 Sequi-Gen © GT 核酸电泳系统（Bio-Rad，USA）中 200 V 预电泳 2 min，然后在 160 V 恒压下电泳 2 h 左右。

（3）银染

①0.1%染色液：待电泳结束，取干净的银染盆；称取 0.50 g 的 $AgNO_3$，500 mL 去离子水，混匀。

②染色：将胶板卸下，剥胶放入 0.1%染色液中，每盆银染 4 板胶；然后在摇床上轻轻摇动，染色 15 min。

③显色液：NaOH 10.00 g，无水 Na_2CO_3 0.20～0.30 g，去离子水 500 mL，甲醛 750 μL。

④显色：待染色 15 min 后，小心倒掉显色液并用去离子水快速漂洗 30 s；每盆加入显色液 500 mL，继续放在摇床上，轻轻摇动 10 min 左右。

⑤照胶：待凝胶变成浅黄，DNA 条带完全显现；倒掉显色液；清水冲洗；用照相机记录每板胶的条带情况，以便读取带型。

六、结果观察与分析

提供一张如图 2-6-1 的图片，并分析杂交种的纯度。

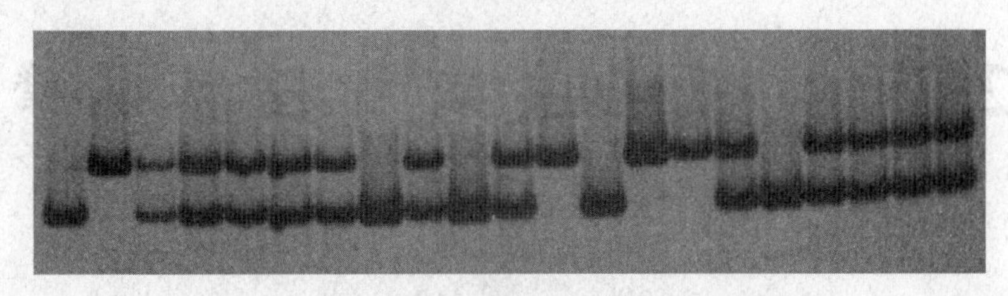

图 2-6-1　玉米杂交种及其亲本的分子标记图谱

注：从左到右依次为亲本 1、亲本 2、杂交种

（杜金昆）

2-7　小麦杂交育种程序观摩

一、实验目的

通过参观小麦品种杂交育种的过程，了解各试验圃的田间设计和工作内容。

二、内容说明

在杂交育种工作中，从种质资源搜集到选育出新品系，须经过一系列的工作阶段。不同阶段的工作是在田间不同地段上完成的，由此形成了不同的育种试验圃。

各试验圃的工作内容分述如下。

1. 原始材料圃

根据材料性质又可细分为 2 个圃：搜集圃，种植各地搜集来的种质资源材料，以便鉴定出具备优良性状（基因）的材料作为杂交的亲本；亲本圃，播种当年拟用作杂交亲本的材料，以便进行杂交组合配制。

2. 杂种圃

播种各杂交组合杂种 F_1 和 F_2。主要工作是鉴定杂交组合表现，确定优良杂交组合，并在优良杂交组合中选择优良单株。

3. 选种圃

种植不同世代家系。主要工作是鉴定优良家系，并在优良家系中选择优良单株；确定稳定的家系升级产量鉴定。

4. 鉴定圃

播种由选种圃升级的家系及对照品种。升入鉴定圃的家系称为品系。由于升级的材料较多，鉴定圃一般采用间比法排列，不设重复，小区面积也较小。鉴定圃的主要目的是在接近生产的条件下，初步测定各品系的产量表现，并鉴定其性状的一致性。

5. 品比圃

品系比较试验圃的简称，播种由鉴定圃升级的品系及对照品种。目的是对选育出的品系进行产量及主要特性的准确鉴定。品比圃一般采用随机区组设计，3 次重复，小区面积要求较大。

经过上述试验，选育出比现有推广品种表现优良的新品系，参加区域试验；通过品种审定后，即可在生产上推广。

三、实验材料及用具

1. 实验条件和材料

小麦育种试验地，试验设计和田间规划的资料。

2. 实验用具

米尺，笔记本、铅笔等。

四、实验步骤

在教师的讲解及指导下，进行实地观摩。

五、结果观察及分析

根据讲解及实地观摩所得，概述杂交育种系谱法的工作内容。

（尤明山）

参考文献

1. 中华人民共和国国家质量监督检验检疫总局，中国国家标准化管理委员会. 中华人民共和国国家标准 GB/T 17891—2017 优质稻谷. 北京：中国标准出版社，2018.

2. 国家市场监督管理总局，中国国家标准化管理委员会. 中华人民共和国国家标准 GB/T 1354—2018 大米. 北京：中国标准出版社，2018.

3. 中华人民共和国国家质量监督检验检疫总局，中国国家标准化管理委员会. 中华人民共和国国家标准 GB/T 15682—2008 粮油检验 稻谷、大米蒸煮食用品质感官评价方法. 食品伙伴网 http：//www. foodmate. net.

4. 中华人民共和国农业部. 中华人民共和国农业行业标准 NY/T 2978—2016 绿色食品 稻谷. 北京：中国农业出版社，2016.

5. 董玉琛. 中国小麦遗传资源. 北京：中国农业出版社，2000.

6. 孙其信. 作物育种学. 北京：中国农业大学出版社，2019.

7. 张桂茹. 大豆杂交技术. 黑龙江农业科学，1999（2）：28-29.

8. 韩冬伟. 大豆整体去雄杂交技术的研究与实践. 黑龙江农业科学，2010（6）：29-31.

9. 张勇，孙石，杨兴勇，等. 提高南繁条件下大豆杂交成功率的方法. 作物学报，2014，40（7）：1296-1303.

10. Abernethy RH，Thiel DS，Petersen NS，et al. Thermotolerance is developmentally dependent in germinating wheat seed. Plant Physiology. 1989，89（2）：569-76.

11. Lee JH，Schöffl F. An Hsp70 antisense gene affects the expression of HSP70/HSC70，the regulation of HSF，and the acquisition of thermotolerance in transgenic *Arabidopsis thaliana*. Molecular Genetics and Genomics. 1996，252（1-2）：11-9.

12. Mishra SK，Tripp J，Winkelhaus S，et al. In the complex family of heat stress transcription factors，HsfA1 has a unique role as master regulator of thermotolerance in tomato. Genes & Development，2002，16：1555-1567.

13. Nieto-Sotelo J，Martínez LM，Ponce G，et al. Maize HSP101 plays important roles in both induced and basal thermotolerance and primary root growth. Plant Cell，2002，14（7）：1621-1633.

14. 肖世和，阎长生，张秀英，等. 冬小麦耐热灌浆与气-冠温差的关系. 作物学报，2000，26（6）：972-974.

15. 哈密斯（Hames，B. D.），利克伍德（Rickwood，D.）. 蛋白质的凝胶电泳实践方法. 刘毓秀，程桂芳译. 北京：科学出版社，1986.

16. 汪家政，范明. 蛋白质技术手册. 北京：科学出版社，2002.

17. 中华人民共和国国家质量监督检验检疫总局，中国国家标准化管理委员会. 中华人民共和国国家标准　GB/T 24303—2009　粮油检验　小麦粉蛋糕烘焙品质试验　海绵蛋糕法. 北京：中国标准出版社，2009.

18. 刘广田，李保云. 小麦品质遗传改良的目标和方法. 北京：中国农业大学出版社，2003.

19. 陆婉珍，袁洪福，徐广通. 现代近红外光谱分析技术. 北京：中国石化出版社，2000.

20. 中华人民共和国国家卫生和计划生育委员会. 中华人民共和国国家标准　GB 5009.7—2016　食品安全国家标准　食品中还原糖的测定. 北京：中国标准出版社，2016.

21. 中华人民共和国国家卫生和计划生育委员会，国家食品药品监督管理总局. 中华人民共和国国家标准　GB 5009.8—2016　食品安全国家标准　食品中果糖、葡萄糖、蔗糖、麦芽糖、乳糖的测定. 北京：中国标准出版社，2016.

22. 吴海霞. 蛋糕的分类探讨. 轻工科技，2016，11：14-16.

23. 严衍禄，赵龙莲，李军会，等. 现代近红外光谱分析的信息处理技术. 光谱学与光谱分析，2000，6：777-780.

24. 杨铭铎. 面筋形成机理的解析. 中国烹饪研究，1999，1：17-20.

25. 魏益民. 中华面条之起源. 麦类作物学报，2015，35（7）：881-887.

26. Song MK，Liu C，Hong J，et al. Effects of repeated sheeting on rheology and glutenin properties of noodle dough. Journal of Cereal Science，2019，102826.

27. Zietkiewicz E，Rafalski A，Labudal D. Genome fingerprinting by simple sequence repeat（SSR）anchoredpolymerase chain reaction amplification. Genomics，1994，20（2）：176-183.

28. Varshney RK，Graner A，Sorrells ME. Genic microsatellite markers in plants：features and applications. Trends in Biotechnology，2005，23（1）：48-55.

29. 刘纪麟. 玉米育种学. 北京：中国农业出版社，2001.

30. 郭尧君. 蛋白质电泳实验技术. 北京：科学出版社，2005.

31. Payne PI，Lawrence GJ. Catalogue of alleles for the complex gene loci. Glu-AI，Glu-BI，and Glu-DI which code for high-molecular-weight subunits of glutenin in hexaploid wheat. Cereal Research Communications，1983，11（1）：29-35.

第 3 部分

耕作学实验

3-1　耕作制度及有关资源的调查与辨识

一、实验目的

（1）初步了解耕作制度的基本内容。

（2）学习耕作制度及有关农业资源的调查内容与方法。

（3）为其他耕作实验积累数据及资料。

二、内容说明

本实验包括耕作制度调查及有关农业资源的调查与分析。

1. 耕作制度调查

（1）作物耕作制度的历史演变和现状　调查某一区域的农作物布局、复种指数的历史变化，现行的作物种类、面积比例、主要复种方式、间混套作的类型及田间配置、轮作与连作的方式等。

（2）与耕作制度相适应的养地制度的历史演变和现状　包括该地区的土壤耕作、秸秆处理方式、施肥、灌溉以及农田养护措施等。

2. 与耕作制度有关的农业资源调查与分析

（1）土地资源　包括地形、地貌、水文以及各种土地资源的面积与利用现状；耕地、草地、林地、荒地资源的类型、面积、使用现状与改良方向。

（2）气候资源　包括光照、热量及降雨的数量、强度、季节分布及其变率与保证率。

（3）生物资源　主要调查当地现有的农业生物类型、种质资源与品种，包括大田作物、林木、果树、蔬菜、花卉等，也包括适宜的家畜、家禽品种，以及水生动植物等。

（4）水资源　包括地表水、地下水资源数量、季节分布、年变率、水质状况以及水资源利用现状。

3. 与耕作制度有关的社会经济条件调查与分析

（1）农业现代化水平　农业现代化水平主要指农业装备、农业技术及管理水平。农业装备包括农业机械化、水利化，化肥、农药的施用量，农用油、农用电的拥有量与时间分配等。

（2）农业生产的社会经济因素　包括效益、价格、市场、经济结构、劳动资金、乡镇企业、工农剪刀差等因素。本调查着重生产的效益、结构和市场三个方面。效益包括两个方面，某一作物或种植方式的经济效益及不同作物或种植方式之间的比较效益。结构包括农、林、牧、副、渔的产值构成及种植业内部不同类型作物的产值比例。

（3）科学技术因素　包括农业技术人员配备，农民文化科学素质，新品种应用，农艺水平等。

三、实验材料与用具

本实验材料与用具，主要包括以下几类：

1. 基础资料

拟调查的生产单位所在县或乡（镇）的农业区划、土壤普查、农业生产统计及抽样调查材料，气象资料，水文资料，生物品种资源调查资料等。

2. 调查用具

计算器、海拔表、经纬仪、测高仪、钢卷尺、土壤铲、记录标准纸等。

四、实验步骤

1. 资料收集

在实验室内了解耕作制度的基本内容、调查方法；收集、整理有关基础性资料，对拟调查的生产单位有一个基本的认识。

2. 部门走访

到有关部门访问，补充基础性资料中缺少的数据与资料。主要走访农业、气象、土地、水利、统计等部门及生产负责人。

上述两项内容可由负责实验课的教师预先完成部分工作；学生只需熟悉调查方法与步骤。也可安排2～3 d的教学实习，也可结合小学期或者假期社会实践进行，将学生分组，全部工作由学生独立完成。

3. 实地调查

调查记载地形、地貌、水文、植被、耕地利用类型、作物分布、主要种植方式、农业现代化设备与装备情况，并对基础性资料进行验证，绘制作物分布与土地利用的示意图，填写调查表中所列的项目。

4. 典型调查

学生4～5人一组，每组选择2～3户。详细调查作物布局，轮连作、间套作类型与技术，土壤耕作，施肥灌溉等内容；并认真填写作业中相应的调查表格。

5. 资料整理与分析

在调查结束前，对调查表中的内容进行一次全面的核准与检查。对数据不准，或无法填写的内容标明其原因及弥补方法。对调查资料进行计算与分析。

五、结果统计与分析

（1）分析调查地的自然资源与社会经济条件特点、存在问题、潜力，提出进一步发展的措施及建议。

（2）简述调查地的耕作制度特点、问题、潜力，提出耕作改制的措施及建议。

（3）绘出一张反映自然景观、土地利用与作物布局的示意图。

（4）完成调查报告，为其他耕作实验提供基础性资料。调查报告的内容与式样参考如下。

调查报告的内容与式样

调查日期________调查地点________

________省（自治区、直辖市）________地区（市）________县________乡________村

（一）自然条件

1. 温度

调查当地年平均气温（℃）、无霜期（d）、>0℃积温（℃）、>10℃积温（℃）、各月平均气温（℃）等，并将调查结果填于表 3-1-1 中。

表 3-1-1　气候条件

项目	1月	2月	3月	4月	5月	6月	7月	8月	9月	10月	11月	12月	年(平均)
气温/℃													
降水量/mm													
无霜期/d													
>0℃积温/℃													
>10℃积温/℃													

2. 光照

调查当地年均日照时数（h）、日照百分率（%）、年总辐射量（$kcal/cm^2$）等，并做记录。

3. 降水

调查当地年平均降水量（mm）、各月平均降水量（mm），并将调查结果填入表 3-1-1 中。

4. 水资源

调查当地地表水（m^3/km^2）、地下水（m^3/km^2）、地下水埋深（m）等，并做记录。

5. 地貌与灾害

调查当地海拔（m）、坡度、水土流失量（t/km^2）等，并做记录。填写表 3-1-2 和表 3-1-3。

表 3-1-2　地貌类型

类型	海拔/m	占土地比例/%	占耕地比例/%
平原			
丘陵			
山区			
高原			
盆地			

表 3-1-3　自然灾害

灾害	影响耕地面积比例/%	水土流失量/（t/km^2）	频率/（d/年）
旱灾			
涝灾			
盐碱			

（二）生产条件

1．土地

调查当地土地面积（亩），垦殖率（%）。其中耕地面积（亩），占总土地百分比（%）；林地面积（亩），占总土地百分比（%）；自然草地面积（亩），占总土地百分比（%）。

2．土壤

调查地的土壤类型、质地、pH、有机质含量（%）以及N、P、K基础养分含量。

3．水利

调查当地耕地中水田（亩），占耕地面积百分比（%）；水浇地（亩），占耕地面积百分比（%）；旱地（亩），占耕地面积百分比（%）。

4．灌溉水来源

调查当地灌溉水来源，井灌占比（%），地表水灌占比（%）。调查扩大水浇地的可能性。

5．有机肥料

调查当地有机肥施用量（m^3/亩或kg/亩）和有机肥来源。

6．化肥施用量

调查当地标准氮肥用量（kg/亩），标准磷肥用量（kg/亩），亩施用肥料量（纯）氮（kg/亩）、磷（kg/亩）、钾（kg/亩）。

7．人口劳力

调查当地农业人口（人），人均耕地（亩/人），农林牧副渔劳动力（人），劳动力耕地（亩/劳动力）。

8．牧畜

调查当地牛、马、骡（头、头/亩），驴（头、头/亩），猪（头、头/亩），羊（只、只/亩），鸡、鸭、鹅（只、只/亩），等。

9．农业机械化水平

调查当地大、中型拖拉机（台、马力），每台负担耕地面积（亩/台）；小型拖拉机（台、马力），每台负担耕地面积（亩/台）。

10．灌排动力

调查当地机具动力（W、W/亩），水泵（台、kW），大、中型农机具（台）。

11．能源

调查当地生活用燃料结构：秸秆（%），煤（%），薪炭（%），其他（%），农村用电量（kW·h/亩）。

调查当地秸秆使用结构：燃料（%），饲料（%），直接还田（%），其他（%）。

12．农药

调查当地农药用量（kg/亩）（纯量）。

（三）社会经济条件

1. 位置

＿＿＿＿＿（标明经纬度）

2. 交通

＿＿＿＿＿＿＿（注明调查地离县城车站的距离等）

3. 农产品需要

调查当地粮食总产量（kg），人均粮食占有量（kg/人）。

调查当地粮食消费结构：口粮（kg），人均口粮（kg/人），饲料粮（kg），工业用粮（kg），其他用粮（kg），商品粮（kg）。食用油（kg），人均食用油（kg/人）。棉花（kg），人均棉花（kg/人）。

4. 市场销售

调查当地主要农产品的市场销售情况。

填写表3-1-4至表3-1-6。

表3-1-4　主要农产品价格与用工量

农产品	价格/（元/kg）	用工量/（工·日）
小麦		
水稻		
玉米		
谷子		
甘薯		
棉花		
肉		
蛋		
奶		
⋮		
⋮		
其他		

表3-1-5　农业生产资料价格

品名	用量/（kg/亩）	单价/（元/kg）	总价/元	占比/%
碳铵				
硫铵				
尿素				
过磷酸钙				
农药				
柴油				
用电量				
机耕				
⋮				
⋮				
其他				

表 3-1-6　农业生产结构

项目	农业（种植业）	牧业	林业	副业	渔业
产值/元					
结构/%					

(四) 耕作制度

1．作物布局

将农作物布局调查结果填入表 3-1-7 和表 3-1-8 中，作物种类可依实际情况增减。

表 3-1-7　粮食作物组成

项目	粮食作物合计	小麦	玉米	水稻	……	其他
播种面积/亩						
播种面积占比/%						
年产/（kg/亩）						
总产/kg						
产值/(元/亩)						

表 3-1-8　经济作物组成

项目	经济作物合计	棉花	花生	大豆	……	其他
播种面积/亩						
总播种面积占比/%						
单产/（kg/亩）						
总产/kg						
产值/（元/亩）						

根据实地调查结果，绘制一个调查单位的作物平面分布示意图。

2．复种

调查历年复种指数、主要复种方式及其作物历，制作表格，填写调查结果（参考表 3-1-9 和表 3-1-10）。

表 3-1-9　历年复种指数

项目	年份

注：根据研究需要，可调研并填写近 10 年的复种指数，也可分阶段调查主要历史年份的复种指数。

表 3-1-10　主要复种方式及其作物历

复种类型	月份 1	2	3	4	5	6	7	8	9	10	11	12
例：小麦-玉米	————	————	————	————	————	————冬小麦				————	————	————
						————	————	————	玉米			

3. 间套混作

写出间套混作类型及田间配置（参考表 3-1-11），并绘出主要类型示意图。

表 3-1-11　典型户（地块）作物轮换顺序

项目	2013 年	2014 年	2015 年	2016 年	2017 年	2018 年	2019 年
例(1)	玉米	棉花	棉花	棉花	大麦/大豆	小麦/玉米	小麦/玉米

4. 土壤耕作与配肥

将调查结果制表填写，表的式样可参考表 3-1-12 至表 3-1-14。

表 3-1-12　肥料投入量　　kg/亩

项目	养分含量（折纯量） N	P_2O_5	k_2O	备注
化肥				
有机肥				
豆科作物				
秸秆				
其他				
合计				

表 3-1-13 主要作物的施肥状况

作物	化肥/（kg/亩）			有机肥/（kg/亩）			总肥料产投比	化肥产投比
	N	P_2O_5	K_2O	N	P_2O_5	K_2O		

表 3-1-14 土壤耕作制度

种植制度	月份											
	1	2	3	4	5	6	7	8	9	10	11	12
例：小麦-玉米					浅耕 15 cm （播玉米）				深耕 20 cm （播冬小麦）			

5. 综合评价

综合分析调查内容，写出耕作制度的评价报告。

（陈源泉）

3-2　农田生产潜力估算

一、实验目的

（1）学会用作物生活要素逐步订正法计算作物生产潜力。

（2）重点掌握光温水生产潜力（气候生产潜力）的估算原理和方法。

二、内容说明

农田生产潜力又称为农田的作物生产潜力，是指农田在一定条件下能够持续生产人类所需的生物产品的潜在能力。具体来讲，农田生产潜力是指作物生长所需的光、温、土、水、气等各种要素都得到满足，品种、劳动力投入、耕作技术、管理水平等都处于最佳状态时的生产能力。构成农田生产潜力的阶梯系列为：光合生产潜力→光温生产潜力→光温水生产潜力（气候生产潜力）→农田生产潜力。

光合生产潜力是指温度、水分、CO_2、土壤养分、群体结构和栽培技术等均处于最适状况下，由作物的光合效率所形成的群体最高产量，亦称作物产量的理论上限。

光温生产潜力是指 CO_2、水分、土壤养分、群体结构等得到满足或处于最适状况下，单位面积单位时间内，由当地太阳辐射和温度所确定的产量上限。通常采用光合生产潜力乘以温度订正函数进行估算。

光温水生产潜力是指充分和合理利用当地的光、热、水气候资源，而其他条件（如土壤、养分）处于最适状况时单位面积土地上可能获得的最高生物学产量或农业产量。将光温生产潜力再进行水分订正（考虑实际蒸散与可能蒸散）后就可以计算出当地的气候生产潜力。

三、实验原理

根据科学试验数据，分析作物生产力形成与其生产要素光、温、水、土壤、肥料等的函数关系，然后计算假设其他诸要素完全满足时，某一要素所具有的生产潜力。

四、实验步骤

在光、温及水分生产潜力概算基础上，可以较为准确地得到基本自然资源的农田作物的生产潜力。本试验采用改进的 Wageningen 法计算内蒙古河套地区春小麦光温生产潜力及光温水生产潜力。试验地位于北纬 40°20′，春小麦平均生育期处于 4 月 1 日至 7 月 20

日，生育期内的平均气温为17.5℃。

1. 光温生产潜力计算

光温生产潜力的计算公式如下：

$$Y=y\times\frac{PE}{e_a-e_d}\times K\times CT\times CH\times G$$

式中：Y 为光温生产潜力（kg/hm²）；

y 为标准作物总干物质质量（kg/hm²）；

$\frac{PE}{(e_a-e_d)}$ 为气候（湿度）订正系数；

K 为作物种类订正系数；

CT 为温度订正系数；

CH 为收获部分订正系数；

G 为生产期订正系数。

（1）标准作物总干物质质量（y）计算过程

$$y=F\times y_o+(1-F)\times y_c$$

式中：$F=(R_{se}-0.5R_g)/0.8R_{se}$，$R_g=(0.25+0.5\times n/N)\times R_a\times 59$，

R_{se} 为晴天最大入射有效短波辐射［cal/(cm² · d)］；

R_g 为实测入射短波辐射［cal/(cm² · d)］；

R_a 为大气顶的太阳辐射（mm/d）；

n/N 为日照百分率；

59为将 R_a 换算成 cal/(cm² · d) 的单位换算系数。

y_o 为生育期间全阴天时，标准作物总干物质生产率［kg/(cm² · d)］。

y_c 为生育期间全晴天时，标准作物总干物质生产率［kg/(cm² · d)］。

（2）气候（湿度）订正系数［$PE/(e_a-e_d)$］计算过程

PE 为生育期间日平均潜在蒸散量（mm/d）；

e_a 为生育期内平均饱和水汽压 2 kPa（20.0 mbar）；

e_d 为实际水汽压，由饱和水汽压乘以生长期间的平均相对湿度（RH）得出。

试验地资料参见表3-2-1至表3-2-3。

表3-2-1 试验地4—7月气候资料（纬度N40°20′）

项目	4月	5月	6月	7月	生育期内平均
t/℃	9.4	16.9	22.0	23.8	17.5
(n/N)/%	60.0	69.0	70.0	65.0	66.1
RH/%	38.0	36.0	42.0	54.0	41.4

表3-2-2 试验地各月 R_a、R_{se} 和 y_c、y_o

项目	1月	2月	3月	4月	5月	6月	7朋	8月
R_a/（mm/d）	6.44	8.56	11.40	14.32	16.36	17.29	16.70	15.17
R_{se}/［cal/(cm² · d)］	131	190	260	339	396	422	413	369
y_c/［kg/(cm² · d)］	2 119	283	353	427	480	506	497	455
y_o/［kg/(cm² · d)］	99	137	178	223	253	268	263	239

表3-2-3　试验地各旬降雨量（P）和潜在蒸散量（PE）

项目	4月			5月			6月			7月	
	上旬	中旬	下旬	上旬	中旬	下旬	上旬	中旬	下旬	上旬	中旬
P/mm	1.9	2.9	3.7	2.4	2.3	7.9	3.7	2.6	8.8	9.2	11.2
PE/(mm/d)	38	43	48	57	62	67	67	68	69	67	65

（3）作物种类订正系数（K）　见表3-2-4。

表3-2-4　作物种类订正系数（K）

作物	苜蓿	玉米	高粱	春小麦	冬小麦
K	0.90	1.90	1.60	1.17	0.65

（4）温度订正系数（CT）　参见表3-2-5。本试验（小麦）选取CT＝0.58。

表3-2-5　不同作物温度订正系数（CT）

作物名称	平均温度/℃						
	5	10	15	20	25	30	35
苜蓿	0	0.20	0.40	0.55	0.60	0.60	0.50
玉米	0	0.20	0.35	0.50	0.60	0.60	0.60
高粱	0	0.10	0.30	0.45	0.55	0.60	0.60
小麦	0.05	0.30	0.50	0.60	0.35	0.10	0.00

（5）收获部分订正系数（CH）　参见表3-2-6。本试验选取CH＝0.35。

表3-2-6　不同作物收获部分订正系数（CH）

作物	苜蓿（第一年）	苜蓿（第二年以后）	玉米	高粱	小麦
CH	0.4～0.5	0.8～0.9	0.4～0.5	0.35～0.45	0.3～0.4

（6）生产期订正系数（G）　G可按生育期天数计算：4月1日至7月20日，共111 d，G＝111。

2. 光温水生产潜力计算

在计算光温水生产潜力时，将小麦全生育期分为三个生育阶段。

营养生长阶段：4月1日—5月10日

生殖生长阶段：5月11日— 6月20日

灌浆成熟阶段：6月21日—7月20日

（1）各生育阶段的需水量满足率（V）

$$V=\frac{ET_a}{ET_m}$$

式中：ET_m为生育期各旬作物需水量总和；$ET_m=KC\times PE$，其中KC为作物需水系数（表3-2-7）。

ET_a为生育期各旬实际耗水量总和。

当本旬降水量（P）加上旬土壤有效水分存储量大于ET_m时，则$ET_a=ET_m$。

当本旬降水量（P）加上旬土壤有效水分存储量小于ET_m时，则$ET_a=P+ST$。

ST 为土壤有效水分存储量，ST=播前 n 旬降水量总和 $-K\times$ 播前 n 旬可能蒸散总和（$n=3$，$K=0.1$）。当 ST<0 时，记为 0。

表 3-2-7 不同生育阶段作物需水系数（KC）

作物名称	生育阶段					
	始期	作物发育期	中期	后期	收获期	总生产期
棉花	0.40～0.50	0.70～0.80	1.05～1.25	0.80～0.90	0.65～0.70	0.80～0.90
玉米	0.30～0.50	0.70～0.85	1.05～1.20	0.80～0.95	0.55～0.60	0.75～0.90
水稻	1.10～1.15	1.10～1.50	1.10～1.30	0.95～1.05	0.95～1.05	1.05～1.20
高粱	0.30～0.40	0.70～0.75	1.00～1.15	0.75～0.80	0.50～0.55	0.75～0.35
大豆	0.30～0.40	0.70～0.80	1.00～1.15	0.70～0.80	0.40～0.50	0.75～0.90
小麦	0.30～0.40	0.70～0.80	1.05～1.20	0.65～0.75	0.20～0.25	0.80～0.90

（2）作物不同生育阶段产量降低率（μ）

$$\mu=k_y\times\left(1-\frac{ET_a}{ET_m}\right)=k_y\times(1-V)$$

式中：k_y 为产量反应系数。

（3）各生育阶段产量指数（I_y）

$I_y=1-\mu$

$I_{y1}=(1-\mu_1)\times100\%$

$I_{y2}=I_{y1}\times(1-\mu_2)\times100\%$

$I_{y3}=I_{y2}\times(1-\mu_3)\times100\%$

式中：I_{y1}、I_{y2} 和 I_{y3} 分别是营养生长阶段、生殖生长阶段和灌浆成熟阶段的产量指数。

μ_1、μ_2 和 μ_3 分别是营养生长阶段、生殖生长阶段和灌浆成熟阶段的产量降低率。

（4）光温水生产潜力

在自然降水条件下（无灌溉条件），小麦的光温水生产潜力

$$Y_p=Y\times I_{y3}$$

式中：Y_p 为小麦光温水生产潜力；

I_{y3} 为灌浆成熟阶段的产量指数。

五、结果观察和分析

1. 光温生产潜力

计算并填写表 3-2-8 至表 3-2-10。

表 3-2-8 标准作物干物质产量的计算

项目	4 月 平均	5 月 平均	6 月 平均	7 月 平均	生育期 间总和	生育期内 日平均
$n/N/\%$	60	69	70	65	7 339	
$R_a/(mm/d)$	14.32	16.36	17.29	16.70	1 789	

续表 3-2-8

项目	4 月平均	5 月平均	6 月平均	7 月平均	生育期间总和	生育期内日平均
R_{se}/（cal/cm^2）	339	396	422	413	43 366	
y_o/（kg/hm^2）	223	253	268	263	27 833	
y_c/（kg/hm^2）	427	480	506	497	52 810	
R_g/（cal/cm^2）						20
F						
y						

表 3-2-9　气候影响订正值的计算

项目	4 月平均	5 月平均	6 月平均	7 月平均	生育期间总和	生育期内日平均
t/℃	9.4	16.9	22.0	23.8	1 941.9	
RH/%	38	36	42	54	4 596	
PE/mm	129.0	186.0	204.0	132.2	651.2	
e_a/mbar						20
e_d/mbar						
PE/（e_a-e_d）						

注：1 mbar$=10^2$ Pa。

表 3-2-10　光温生产潜力的计算

项目	y	PE/（e_a-e_d）	K	CT	CH	G	Y
数值							

2. 光温水生产潜力

计算并填写表 3-2-11，计算自然降水条件下，春小麦的气候生产潜力：$Y_p=Y\times I_{y3}$。

表 3-2-11　各生育阶段 V、μ 和 I_y 计算表

月份	3			4			5			6			7	
旬	上	中	下	上	中	下	上	中	下	上	中	下	上	中
P/mm	0.8	1.1	1.5	1.9	2.9	3.7	2.4	2.3	7.9	3.7	2.6	8.8	9.2	11.2
PE/mm	20.0	24.8	29.6	38.0	43.0	48.0	59.0	62.0	67.0	67.0	68.0	69.0	67.1	65.1
KC				0.3	0.5	0.7	0.8	1.0	1.1	1.2	1.0	0.7	0.5	0.3
ET_m								62.0	73.7	80.4	68.0			
ET_a								2.3	7.9	3.7	2.6			
ST	0	0	0	0	0	0	0	0	0	0	0	0	0	0
	生育阶段			营养生长阶段				生殖生长阶段				灌浆成熟阶段		
V								0.06						
k_y				0.20				0.65				0.55		
μ/%								61						
I_y/%								32						

（尹小刚）

3-3 作物布局优化方案设计

一、实验目的

（1）理解作物布局基础知识。

（2）熟练掌握线性规划在作物布局中的应用。

（3）了解作物布局优化方面的研究进展。

二、内容说明

1. 作物布局

作物布局是一个地区或生产单位作物结构与配置的总称。广义的作物布局是指特定区域的种植业区划，就是作物的地理分布。它要求的是作物能够很好地适应自然条件及社会经济环境。狭义的作物布局是指一个生产单位（农场、农户、村镇等）的农作物种植结构及分布情况。

2. 作物布局优化研究内容

作物布局优化的研究主要包括优化目标研究、优化理论研究和技术方法研究，而研究最多的是基于优化目标的研究。

优化理论包括作物生态适应性、生物节奏与季节节奏平行性、成本收益分析等。

3. 作物布局优化研究方法

线性规划是作物结构优化研究中常见及主流的方法。该方法可用于农业产出和经济效益方面的优化管理。

三、实验原理

1. 作物布局的注意事项

作物布局受作物的生态适应性、气候和土壤等自然条件以及科学技术水平、社会需要和市场价格等社会经济条件的制约。作物布局需要考虑以下四个方面。

（1）需求第一的原则：满足人类对农产品的需求是农业生产的主要动力与目的。

（2）作物布局的基础：需要考虑作物的生态适应性（作物的产量稳而高，省力，投资少，经济效益高）。

（3）经济效益与可行性：不考虑经济效益的农业生产是没有必要存在的。

（4）生态效应：需要考虑农业绿色可持续发展。

2．线性规划的概念

线性规划是运筹学的分支，属于应用数学的范畴，是用来解决经济管理、生产、科研等活动中的最优化问题的一种数学方法。研究在变量约束条件下的最优化问题，即求一组非负变量 X_j（$j=1$，2，3，…）在满足一组条件（线性等式或不等式）下，使一组线性函数取得最大值或最小值。

3．线性规划研究的问题

一项任务确定后，如何统筹安排，尽量做到用最少的人力、物力资源去完成这一任务。已有一定数量的人力、物力资源，如何安排使用他（它）们，才能使完成的任务最多？围绕某个问题，使各种资源得到最优配置，更好地实现目的。解决线性规划问题的常用软件有R、Excel、SPSS和SAS等。

4．线性规划问题的术语

L：表示一个线性规划问题。

约束条件：关于一组变量 x_j 的线性不等式组（或线性方程组）。

目标函数：$z=f(x_1, x_2, \cdots, x_n)$ 是表示问题最优化指标的线性函数。

可行解：满足L的约束条件的解（一组变量的值）。

可行域：L的可行解的全体（非负解集）。

最优解：使目标函数取得最大（最小）值的可行解，对应于最优解的目标函数值称为最优值。

四、实验步骤

1．利用线性规划进行作物布局

（1）搜集资料　调查了解本地区的自然条件、社会经济条件及生产技术水平，包括气候条件、土壤条件、水文地貌、生产技术水平、作物布局现状、农业投资及国家、集体、个人对各类农产品的需求。

（2）确定目标函数　不同的生产单位有不同的追求目标，如要求作物的总产量达到最高，经济效益最大，生产成本最低，资料利用率最高等。

（3）约束条件的建立　约束条件包括：①水资源约束；②经济条件约束；③劳动力约束；④肥料条件约束；⑤土地约束，总的种植面积不能大于土地的总量，在一年一熟地区和一年多熟地区的约束不同；⑥生态平衡约束，要保证长期高产、稳产，必须保持生态平衡，用地养地相结合；⑦农业技术条件约束，考虑技术运用及指导的范围、程度，如机械化水平、田间管理水平、优良品种的数量等；⑧需求量约束，国家、集体、个人及市场对各类农产品的需求量；⑨个别作物约束，一些特殊作物受国内外市场的消费水平所制约，产量过多可能会积压，过少又难以满足社会需要。

（4）解线性方程组　求出最优解（理论＋实践的过程）。

（5）分析　对最优解进行可行性分析（实践的过程）。

2．研究案例

（1）例1　某工厂安排生产甲、乙、丙三种铝合金产品，已知生产每单位甲、乙、丙三种产品分别能获得的利润为5元、4元、3元；生产每单位甲、乙、丙三种产品所需的铝的质量分别为3 kg、2 kg、1 kg，铁的质量分别为2 kg、3 kg、2 kg；工厂每天能供给的铝、铁的质量分别为 840 kg、700 kg。如何安排生产能使工厂获利最大？

分析：设甲、乙、丙三种产品的数量分别为 X_1、X_2、X_3。

目标函数：

$\text{Max}=5X_1+4X_2+3X_3$

约束方程的建立：

$$\begin{cases}3X_1+2X_2+X_3\leqslant 840\\2X_1+3X_2+2X_3\leqslant 700\\X_1\geqslant 0,\ X_2\geqslant 0,\ X_3\geqslant 0\quad \text{均为整数}\end{cases}$$

（2）例 2　某生产单位要在 12 亩同类型土地上种植玉米、大豆、小麦 3 种作物，并可为此提供 48 个劳动力和 360 元资金。已知玉米和大豆每亩各需 6 个劳动力；小麦每亩需 2 个劳动力。玉米、大豆、小麦每亩各需资金分别为 36 元、24 元和 18 元。又知种植玉米、大豆和小麦每亩可得净收入分别为 40 元、30 元和 20 元。三种作物各种多少亩才能使净收入最高？

分析：假设玉米、大豆和小麦的种植面积分别为 X_1、X_2、X_3。

目标函数：

$\text{Max}=40X_1+30X_2+20X_3$

约束方程的建立：

面积约束　$X_1+X_2+X_3\leqslant 12$

劳动力约束　$6X_1+6X_2+2X_3\leqslant 48$

资金约束　$36X_1+24X_2+18X_3\leqslant 360$

非负约束　$X_i\geqslant 0\quad (i=1,\ 2,\ 3)$

（3）例 3　有一个农场主，现有土地 140 亩（其中水田面积 45 亩），肥料 7 800 kg，能够提供的灌水的总水量为 1 200 m^3，想要种植小麦、玉米、大豆、水稻、棉花等作物。但有一些限制条件：棉花的面积不能小于 20 亩；受机械条件的限制，小麦的面积不能大于 60 亩。怎样安排生产才能使产量最高？已知各种作物的水肥需求和亩产见表 3-3-1。

表 3-3-1　小麦、玉米、大豆、水稻和棉花的水肥需求及亩产

项目	小麦	玉米	大豆	水稻	棉花
亩需肥量/kg	80	60	50	78	55
亩需水量/m^3	4	3	2	8	3.5
亩产量/kg	800	1 200	350	1 400	100

假设小麦、玉米、大豆、水稻和棉花的种植面积分别为 X_1、X_2、X_3、X_4 和 X_5。

目标函数：

$\text{Max}=800X_1+1\,200X_2+350X_3+1\,400X_4+100X_5$

约束方程的建立：

面积约束　$X_1+X_2+X_3+X_4+X_5\leqslant 140$

肥料约束　$80X_1+60X_2+50X_3+78X_4+55X_5\leqslant 7\,800$

总水量约束　$4X_1+3X_2+2X_3+8X_4+3.5X_5\leqslant 1\,200$

小麦面积约束　$X_1\leqslant 60$

棉花面积约束　$X_5 \geqslant 20$

水稻面积约束　$X_4 \leqslant 45$

旱地作物面积约束　$X_1 + X_2 + X_3 + X_5 \leqslant 95$

非负约束　$X_i \geqslant 0$　($i=1, 2, 3, 4, 5$)

五、实验作业

1. 某生产单位有中壤土 300 亩、沙壤土 200 亩、盐斑沙壤土 400 亩。计划种植大豆 100 亩、玉米 400 亩、小麦 400 亩。这 3 类作物在各种土地上所能达到的产量见表 3-3-2。如何根据因地制宜的原则安排作物种植计划才能使总产量最大?

表 3-3-2　三类作物在不同土壤上的产量　kg/亩

作物	中壤土	沙壤土	盐斑沙壤土
大　豆	200	160	125
玉　米	425	350	300
小　麦	250	200	150

2. 某生产单位有 150 亩土地，有 3 种复种方式可以采用，即油菜-双季稻、小麦-水稻、大麦-棉花，并分别用 A_1、A_2、A_3 表示。各复种方式每亩消耗资源量及该生产单位资源最大提供量见表 3-3-3。各复种方式作物单产及收购价格等见表 3-3-4。根据上级要求，该生产单位至少要生产棉花 1 875 kg。该生产单位应采用怎样的作物布局，才能获得最大的农业产值?

表 3-3-3　每亩资源消耗量及资源最大提供量

复种方式	资源消耗	
	劳动力/(个/亩)	肥料 (N)/(kg/亩)
A_1	32	50
A_2	15	75
A_3	45	62.5
资源最大提供量	3 000 (个)	7 500 (kg)

表 3-3-4　各复种方式作物单产及收购价格

复种方式	油菜/kg C_1	双季稻/kg C_2	小麦/kg C_3	单季稻/kg C_4	大麦/kg C_5	棉花/kg C_6	每亩产值/(元/年)
A_1	150	750	—	—	—	—	2 790
A_2	—	—	400	600	—	—	2 340
A_3	—	—	—	—	200	75	1 440
收购价格/(元/kg)	5.20	2.68	2.10	2.50	2.40	12.80	

(尹小刚)

3-4 不同复种方式生态经济效益与效率评价

一、实验目的

(1) 了解复种方式（种植方式）生态、经济与社会效益单项和综合评价的基本方法。

(2) 能够根据所提供的相关资料，计算不同复种方式或种植模式的资源利用效率与经济效益和效率，并结合计算结果与数据资料对种植模式进行评价，完成实验报告。

二、内容说明

复种方式效益评价包括自然资源利用率、水肥等农业生产资料利用效率、经济效益与社会效益等方面的计算与评价，为生产主体选择最优的种植模式提供科学依据。因不同生产主体（如国家、农场主和小型种植户）关注的效益与效率指标不同，且相关指标众多，本实验不能一一列举，仅从生产者角度介绍部分重要的经济与资源利用率（效率）等单项指标，而有关社会效益评价[如食物能产量、可食性蛋白质（脂肪、纤维等）产量、农产品自给率、劳动力容纳量]、生态效益评价（如碳、氮、水的生态足迹，温室气体排放，能值效率，可更新资源投入率）以及经济、生态与社会三者的综合效益的计算和评价方法（如 AHP 层次分析法、生态系统服务价值）请参考农业生态学、耕作学等其他教材或实验指导。

三、实验原理

1. 农作物的产量与产量效益

农作物的产量是单位面积上生产的农作物产品的量，是反映复种方式（种植方式）生产能力的重要指标，也是计算其他评价指标的重要参数。作物产量通常分为生物产量和经济产量。生物产量是指作物在全生育期内通过光合作用和呼吸作用，即通过物质和能量的转化所生产并累积的各种有机物的总量。从理论上讲，生物产量是地上部分和地下部分质量的总和。因为根系难以全部回收，所以除地下块根、块茎类作物外，其他作物只计算地上部分的质量。如稻、麦等禾谷类作物通常以地上部的产量计算；甘薯、马铃薯等则以地上部和地下部的总产量计算。生物产量可以用单位面积上产品的鲜重、风干重或干物重表示。

$$生物产量=\frac{干（鲜）物质总量（kg）}{总耕地面积（hm^2）}$$

经济产量是指生产者所需要产品的收获量，即一般所指的产量。不同作物其经济产品器官不同，禾谷类作物（水稻、小麦、玉米等）、豆类和油料作物（大豆、花生、油菜等）的产品器官是种子；棉花为籽棉或皮棉，主要利用种子上的纤维；薯类作物（甘薯、马铃薯、木薯等）为块根或块茎；麻类作物为茎纤维或叶纤维；甘蔗为茎秆；甜菜为根；烟草为叶片；绿肥作物（苜蓿、三叶草等）为茎和叶等。同一作物，因栽培目的不同，其经济产量的概念也不同。如玉米，作为粮食和精饲料作物栽培时，经济产量是指籽粒收获量；而作为青贮饲料作物栽培时，经济产量则包括茎、叶和果穗的全部收获量。

$$经济产量=\frac{目标产品总量（kg）}{总耕地面积（hm^2）}$$

经济系数是指作物的经济产量与生物产量的比例（一般以百分数来表示）。经济系数表征有机物转化成人们所需要产品的能力。经济系数越大，可获得的目标产品的量越多。在研究过程中，可利用经济系数计算经济产量或生物产量。

$$经济系数=\frac{经济产量（kg）}{生物产量（kg）}\times 100\%$$

经济系数因植物种类、品种、自然条件和栽培措施的不同而不同。小麦的经济系数一般为0.4～0.6（平均为0.5），水稻为0.45～0.6（平均为0.52），玉米为0.4～0.6（平均为0.45）。豆类作物经济系数较低，如大豆为0.15～0.25（平均为0.2）。棉花的经济系数因籽棉与皮棉而异，籽棉为0.35～0.40，皮棉为0.13～0.16。块根作物和糖料作物的经济系数较高，甘薯为0.60～0.78（平均为0.7），甜菜平均为0.6。某些作物的净光合产物可能全部用于形成经济产量（如某些蔬菜和牧草），其经济系数可取为1。

产量效益是指单位面积上一种复种方式或种植方式所生产的目标产品的数量与质量，这里所指的目标产品产量根据生产要求的不同，可以是经济产量、生物产量，也可以是特定的加工产品如蛋白质产量、淀粉产量和油脂产量等。产量效益指标是反映复种方式的经济、社会与生态效益的一项基础指标。

2. 自然资源利用率和利用效率

复种方式的自然资源利用率和利用效率是反映一种复种方式对种植区域的光能、降水与土地等自然资源利用强度与生产效率的指标。通常情况下，自然资源利用率（或利用效率）越高，种植方式的产出潜力越大，但也意味着资源可挖掘的潜力越小。常用的自然资源利用率和利用效率指标如下。

（1）土地利用率　土地利用率反映了种植模式对耕地的利用强度。对单作一熟型和单作多熟型可用种植指数表示。对多作一熟型和多作多熟型种植模式则用土地当量值来表示。种植指数越高，土地当量值越大，则意味着土地利用率越高。

$$种植指数=\frac{全年农作物总收获面积（hm^2）}{总耕地面积（hm^2）}\times 100\%$$

$$\mathrm{LER}=\sum_{i=1}^{n}(X_i/Y_i)$$

式中：LER为土地当量值；

X_i 为单位面积内，复种和间混套作中第 i 种作物的实际产量（kg/hm^2）；

Y_i 为第 i 种作物在单作时单位面积的产量（kg/hm^2）。

（2）光能利用率　光能利用率（亦称太阳辐射利用率）表示单位时间（年、生长期或小时等）单位面积上植物生产的有机质所含有的能量与同期投入到该面积上的光合有效辐射能之比。它是光合面积、光合时间、光合速率的综合反映。

$$E=\frac{\sum_{i=1}^{n}(W_i \times H_i)}{\sum Q}\times 100\%$$

式中：E 为光能利用率（%）。

i 为第 i 种作物。

W_i 为单位面积上第 i 种作物有机干物质的产量（kg/cm^2）。

H_i 为第 i 种作物单位干物质的产热率，一般碳水化合物约为 17 800 kJ/kg，粗脂肪为 16 700 kJ/kg，粗蛋白为 23 900 kJ/kg；在作物中，玉米为 17 000 kJ/kg，大豆为 23 100 kJ/kg，水稻为 15 700～18 000 kJ/kg。

$\sum Q$ 为同期或全年投射在单位面积上的光合有效辐射总量（kJ/cm^2）（可用辐射计测定，或由附近气象站提供）。

有时可以用叶日积（LAI・D）代替光能利用率。叶日积是指叶面积与其持续时间的乘积，可以反映一种种植方式光能利用的能力或潜力。

$$\text{LAI} \cdot \text{D}=\sum_{i=1}^{n}(\overline{\text{LAI}_i} \times D_i)$$

式中：LAI・D 为叶日积（$cm^2 \cdot d$）；

$\overline{\text{LAI}_i}$ 为第 i 生育阶段的平均叶面积（cm^2）；

D_i 为第 i 生育阶段所持续的时间（d）；

（3）热量利用率　热量利用率是指复种方式（种植方式）中作物生长期间的有效积温（≥0℃或≥10℃）占全年有效积温（≥0℃或≥10℃）的百分率。它反映不同作物或不同复种方式对热量的利用强度。由于对作物有效的热量指标较难测定，所以一般用作物生长期的积温来代表作物利用的热量。这种计算方法不足之处是未能考虑极端温度对作物的不利影响。

$$T=\frac{\sum_{i=1}^{n}(\sum t_s)_i}{\sum t}\times 100\%$$

式中：T 为热量利用率（%）；

$(\sum t_s)_i$ 为第 i 种作物生长期大于或等于某温度的积温（℃）；

$\sum t$ 为全年大于或等于某温度的积温（℃）。

热量利用率不能绝对反映作物产量的高低，即作物热量利用率高，不一定产量也高，故有时采用每百℃积温所生产的干物质量作为辅助指标，以反映作物对热量资源的利用效率。

(4) 水分利用效率　水分利用效率（WUE）是指一定时间内（一般为一年）单位面积上的干物质（或经济产量）与同期该面积上的水分的消耗（蒸散）量之比。在生产上通常用单位面积作物经济产量与单位面积耗水量之比来表示。

$$\mathrm{WUE}=\frac{\text{单位面积作物经济产量（kg）}}{\text{单位面积耗水量（mm）}}$$

$$\text{单位面积耗水量}=P+I+\Delta W_s-L-R$$

式中：P 为单位面积的降水量（mm）；

I 为单位面积的灌溉水量（mm）；

ΔW_s 为单位面积土壤水消耗量（mm）；

L 为单位面积深层水入渗量（mm）；

R 为单位面积水径流量（mm）。

(5) 生长期利用率　生长期利用率（D）是指作物（或复种方式）实际利用的有效生长期（U_n）占作物可能生长期［通常用无霜期（D_n）表示］的百分数，是对气候资源利用强度的一种综合反映。其公式为：

$$D=\frac{U_n}{D_n}\times 100\%$$

有效生长期是指作物能够存活并表现生长的时期。冬小麦的冬眠期是无效生长期。

3. 经济效益与效率

经济效益与效率是决定一种复种方式是否具有经济可行性的重要指标，可从以下角度进行评价。

(1) 成本与收益分析　生产成本可分为物化劳动成本和活劳动成本两部分。物化劳动成本是指在生产过程中所消耗的各种生产资料的费用（包括种子、肥料、农药、机械、灌溉费用等）；活劳动成本是指劳动力费用，即人工费。

单位面积成本（元/hm^2）＝物化劳动成本（元/hm^2）＋活劳动成本（元/hm^2）

生产收益也称为土地生产率，是指单位面积农田的收益，又可分为产值、净产值和纯收入三种指标。具体计算方法如下。

$$\mathrm{Gov}=\sum_{i=1}^{n}(Y_i\times P_i)$$

式中：Gov 为产值（元/hm^2）；

i 为复种方式中第 i 种作物；

Y_i 为第 i 种作物的产量（kg/hm^2）；

P_i 为第 i 种作物的价格（元/kg）。

在现代农业生产过程中，不仅经济产量具有市场价值，部分非目标产品（副产品）也同样具有一定的价值。如小麦、玉米的秸秆可以作为饲料或能源销售；花生壳和棉花籽壳也具有很高的经济价值，在计算产品收益时都应考虑在内。

$$\text{净产值}=\text{产值}-\text{物化劳动成本}$$

纯收入＝净产值－活劳动成本＝产值－物化劳动成本－活劳动成本

从事种植生产的小型农户通常不考虑自己的劳动成本，因此往往会选择净产值高的复种方式进行生产；对于规模化经营的农场主，其生产需要雇用劳动力，因此通常用纯收入作为评价指标。

（2）劳动生产率　劳动生产率是指单位用工所生产的农产品的数量或收益，或者是指单位农产品收益所消耗的劳动力个数，其反映了生产对劳动用工的需求强度。劳动生产率越高，表明获得相同收益所需要的人工投入越少。某些农业生产活动尽管总收益高，但因劳动生产率低，需要大量人工投入，在实际生产中难以推广。

$$劳动生产率=\frac{农产品收益（元）}{消耗活劳动力（个或日）}$$

注：农产品收益可以根据生产主体的不同，选择产值、净产值或纯收入。

（3）资金（成本）生产率　资金（成本）生产率是指投入每单位生产成本所能获得的产品数量或收益，能够反映资金效率或产品生产的资金需求强度。生产成本为物化劳动成本与活劳动成本的总和。农产品收益为产值、净产值或纯收入。一些农业生产活动尽管收益可能较高，但如果需要大量的资金投入，也难以推广。

$$资金（成本）生产率=\frac{农产品收益（元）}{生产成本（元）}$$

（4）农产品商品率　农产品商品率是反映农业生产收益可实现度的重要指标。一种复种方式或种植模式尽管农产品产量很高，潜在价值或收益大，如市场供求关系及产品质量问题等原因而销售不畅，也是不能采用的。农产品商品率计算方法如下。

$$农产品商品率=\frac{农产品商品量（kg）}{农产品总量（kg）}\times 100\%$$

（5）农业综合效率　农业综合效率是反映经济效率的综合性指标，能更为可靠地评估生产的经济效率或效益，其值越大，说明复种方式的效益越好。农业综合效率计算方法为

$$T=\sqrt[3]{t_1\times t_2\times t_3}$$

式中：T 为复种方式的农业综合效率；

t_1 为土地生产率；

t_2 为劳动生产率；

t_3 为资金生产率。

四、实验材料与用具

（1）不同种植方式的生产资料投入与产量数据资料（表 3-4-1）。

（2）不同种植方式投入成本资料（表 3-4-2）。

（3）主要农副产品的价格资料（表 3-4-3）。

（4）计算器及作业纸。

五、结果统计与分析

根据表 3-4-1、表 3-4-2 和表 3-4-3 所提供的资料，对 3 种种植方式的效益与效率进行计算并评价。具体内容如下。

（1）不同种植方式的产量及效益：计算并列出每种种植方式的产量与收益表（包括经济产量与生物产量、产值、净产值和纯收入）。

（2）三种种植方式的生长期利用率，要求有计算过程。

（3）三种种植方式的劳动净产值率，要求有计算过程。

（4）根据以上计算结果并结合表中的数据资料，分别从一个小型种植户和农场主的角度，讨论选择哪一种种植模式最优。讨论的字数在 200 字以内。

（5）整个实验作业要求书写工整、条理清楚。

表 3-4-1　不同种植方式生产资料投入与产出量数据资料

种植方式	生育期（日/月）			肥料/（kg/hm^2）			农药/（kg/hm^2）	机械/（kW/hm^2）	用电/（kW·h/hm^2）	人工（日或个/hm^2）	种子（kg/hm^2）	经济产量（kg/hm^2）
	播种期	成熟日期	有效生长日数*	K 肥	尿素	过磷酸钙						
冬小麦-夏玉米	10/10	1/6		0	600	600	16	110	270	120	225	7 500
	10/6	12/9									60	9 000
冬小麦-夏花生	10/10	1/6		150	500	500	10	75	200	200	225	8 000
	10/6	25/9									60	4 500
春玉米	20/4	1/9		0	300	300	8	55	120	80	45	12 000

注：* 冬小麦冬季休眠期为 90 d，当地无霜期为 300 d，有效生长日数可估算。

表 3-4-2　不同种植方式投入成本资料　　（元/hm^2）

种植方式	种子费	肥料费	农药费	机械作业费	排灌费	固定资产折旧费	农田基本建设费	人工费	总计
小麦-玉米	900	4 000	100	2 500	2 500	300	500	2 000	12 800
	700	2 000	100	2 000	1 500	300	400	4 000	11 000
小麦-夏花生	900	4 000	100	2 500	2 000	300	500	2 000	12 300
	1 500	1 500	100	1 500	1 000	300	400	8 000	14 300
春玉米	700	2 500	100	2 000	1 500	300	900	4 000	12 000

表 3-4-3　主要农副产品价格资料

项目	小麦	玉米	夏花生果	备注
主产品价格/（元/kg）	2.2	1.8	6.0	目标产品
副产品价格/（元/kg）	0.2	0.2	0.4	指秸秆
经济系数	0.5	0.45	0.4	

（隋鹏）

参考文献

1. 刘巽浩．耕作学．北京：中国农业出版社，1994．

2. Odum EP. Basic ecology：Fundamentals of ecology. Holt-Saunders，1983.

3. 郭岐峰，傅硕龄．我国农业生产潜力的研究进展．地理研究，1992，11（4）：105－115．

4. 王立祥．耕作学．重庆：重庆出版社，2001．

第 4 部分

作物栽培学实验

4-1　主要农作物的分类与形态识别

一、实验目的

（1）了解主要农作物的生育特点，主要用途，种植价值，关键栽培技术。

（2）掌握农作物的分类方法；掌握主要农作物种子、幼苗、植株、花序等形态识别方法和主要区分要点。

（3）为作物种植合理布局和高产、优质、高效打基础。

二、内容说明

1．*作物的分类方法*

（1）按作物用途、栽培技术和植物学系统分类　可分为粮食作物、经济作物、饲料绿肥作物三大部门，再细分为禾谷类作物、豆类作物、薯类作物、纤维作物、油料作物、糖料作物、药用作物、特用作物、饲料作物和绿肥作物十大类作物。

（2）按生物学和生理生态学分类　可分为喜温、喜凉、耐寒作物；长日照、短日照作物；喜光、耐阴作物；C_3、C_4 作物；水生、耐涝、耐旱作物。

（3）植物学系统分类　指按科属种亚种分类。

（4）按作物生产特点分类　可分为春、夏、秋、冬播作物（麦、玉米、豆类等），中耕作物（玉米、棉花、薯类等），密植作物（稻、麦、谷等）。

2．*作物类别及其形态识别、区分要点、生物学特性、种植技术要点和主要用途*

Ⅰ．粮食作物

①禾谷类作物：主要生产籽粒，以生产植物淀粉为主。

种子识别：果皮、种皮、胚、胚乳；顶、基部；背、腹面。

麦类作物识别（二维码 4-1-1）：腹沟、刷毛；小麦、黑麦、燕麦（裸、皮）、大麦（二、四、六棱，皮、裸）。

黍类作物识别（二维码 4-1-2）：玉米及特用玉米（甜、加强甜、超甜、糯、红、紫、白、彩、高油、爆裂、笋、粉质）、饲料玉米，稻（籼、粳），高粱，谷子，黍（稷）等。

二维码 4-1-1
麦类作物穗部形态

二维码 4-1-2
典型黍类作物

4-1-3 典型豆类作物

幼苗、植株及花序的识别。

荞麦、蜡烛稗、龙爪稷等作物的识别。

②豆类作物（二维码 4-1-3）：主要生产植物蛋白（种子蛋白质含量为20%～40%）。

种子识别：种脐、珠孔、合点、脐环；大豆、绿豆、小豆、羽扇豆、菜豆、豌豆（谷、菜）、蚕豆、四棱豆、利马豆、扁豆（眉豆）、多花菜豆、豇豆、小扁豆（兵豆）、黎豆、刀豆、鹰嘴豆、瓜尔豆等作物种子识别。

幼苗、植株、荚果的识别。

③薯类作物：主要收获块根、块茎，生产植物淀粉。

甘薯：块根（头、尾部）根眼及植株识别。

马铃薯：块茎顶、基部、芽眼、芽眉、皮孔和植株识别。

山药、芋头等作物识别。

Ⅱ. 经济作物

①纤维作物：主要生产植物纤维。

棉花：主要生产棉花纤维，种子（光、毛籽）、幼苗、植株识别。

麻类：短日照作物，南麻北种增产。主要收获茎、叶纤维。大麻、亚麻、红麻、黄麻、苘麻等作物种子、果、幼苗及植株识别。

②油料作物：主要生产植物油脂。

花生、油菜、向日葵（油、食）、芝麻（白、黑）、高油玉米、胡麻、苏子、蓖麻等作物种子、植株识别。

③糖料作物：根、茎、叶含糖量高。

甜菜：块根（头、颈、体、尾）、复合果、幼苗、植株识别。

甘蔗、甜叶菊（叶含糖 46%左右）等作物识别。

④药用作物：中国药材世界闻名，中药材国际国内两大市场看好，发展前景广阔。

根类药材：甘草、人参、丹参、西洋参、板蓝根、当归、山药、黄连等。

全草类药材：薄荷、穿心莲、车前草、马齿苋、芦荟等。

花类药材：红花、菊花、金银花等作物种子、花、果及植株识别。

果、种子类药材：决明子、枸杞、薏苡等作物种子、花、果及植株识别。

真菌类药材：灵芝等识别。

⑤特用作物：如嗜好作物和蜜源作物。

嗜好作物：烟草种子、果、苗及植株等识别。

蜜源作物：荞麦、苏子、油菜等作物种子、植株识别。

Ⅲ. 饲料绿肥作物

①饲料作物：苜蓿、苋菜、三叶草、草木樨、沙打旺、苏丹草等作物种子、植株识别。

②绿肥作物：田菁、苕子、紫云英、红萍等作物种子、植株识别。

三、实验报告

1. 掌握主要农作物的识别与分类，填写 4-1-1 表。

表 4-1-1　主要农作物的识别与分类

标本序号	作物名称	十大类别	标本序号	作物名称	10 大类别	标本序号	作物名称	十大类别
1			16			31		
2			17			32		
3			18			33		
4			19			34		
5			20			35		
6			21			36		
7			22			37		
8			23			38		
9			24			39		
10			25			40		
11			26			41		
12			27			42		
13			28			43		
14			29			44		
15			30			45		

2. 根据实验写出农作物三大部门 10 大类别及其代表作物（2～6 个）。
3. 根据实验写出食用豆类作物子叶出土和留土类及其代表作物（3～8 个）。
4. 根据实验写出喜温、喜凉豆类及其代表作物（3～8 个）。
5. 根据实验写出药用作物的类别及其代表作物（2～6 个）。
6. 中国的五大油料作物指的是什么？
7. 甜菜的块根分哪几部分？

（袁旭峰）

4-2 冬小麦叶蘖同伸规律观察与分析

一、实验目的

(1) 了解小麦根、茎、叶、蘖的发生规律及其主要功能。

(2) 掌握冬小麦叶蘖观察的标准和方法。

二、内容说明

1. 小麦幼苗期各器官

小麦幼苗期的形态结构如图 4-2-1 所示。

(1) 根　小麦的根系是须根系，由初生根（又称胚根、种子根）和次生根（又称节根、不定根）组成。种子萌发时先长出 1 条主胚根，随后在胚轴基部的两侧长出 1～3 对次生胚根。初生根系由主胚根和次生胚根组成。初生根在小麦一生中都发挥重要作用，尤其是在拔节期之前。次生根是着生在小麦分蘖节上的根，自三叶期之后开始发生。一般来说，主茎上的分蘖节上可发生 2～3 条次生根；一级分蘖的分蘖节上可发生 1～2 条次生根。次生根的发生和生长速度最快的时期是在拔节期前后。在孕穗期，次生根的生长开始趋于缓慢。至开花期，次生根停止生长，根量达到最大值。

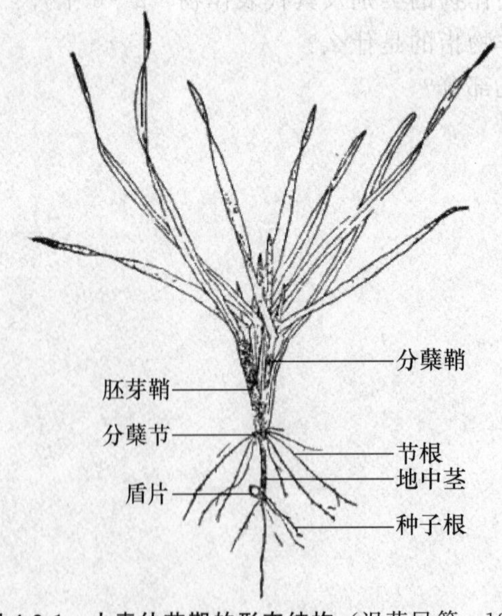

图 4-2-1　小麦幼苗期的形态结构（迟范民等，1984）

（2）茎　胚芽鞘节与第一叶着生部位之间的部位被称为地中茎。地中茎是调节分蘖节深度的器官。地中茎的长短和有无与品种特性、播种深度、环境温度等相关。分蘖节是指着生分蘖的节和节间部分。分蘖节是发生分蘖和次生根的地方，也是储存和运输养分的场所。分蘖节的含糖量与抗寒性正相关。

（3）叶　小麦的叶包括真叶、胚芽鞘、分蘖鞘、颖壳和盾片。其中真叶也称完全叶；胚芽鞘和分蘖鞘只有叶鞘，没有叶片，是不完全叶；颖壳是变态叶；盾片是退化叶。真叶由叶片、叶舌、叶枕、叶耳和叶鞘组成。盾片着生于地中茎的下端，和种子根相连，呈光滑的圆盘状，与胚芽鞘、主茎的偶数叶、一级分蘖的偶数蘖在同侧。

（4）分蘖　小麦从植株主茎上长出的侧枝以及侧枝上长出的分枝均称为分蘖。小麦分蘖的数目和质量是小麦植株发育是否健壮的重要标志。

2. 小麦分蘖的考察

（1）分蘖发生规律　分蘖发生规律与主茎叶片同伸关系见二维码 4-2-1 和图 4-2-2。

二维码 4-2-1 小麦分蘖与主茎叶片的同伸关系示意图

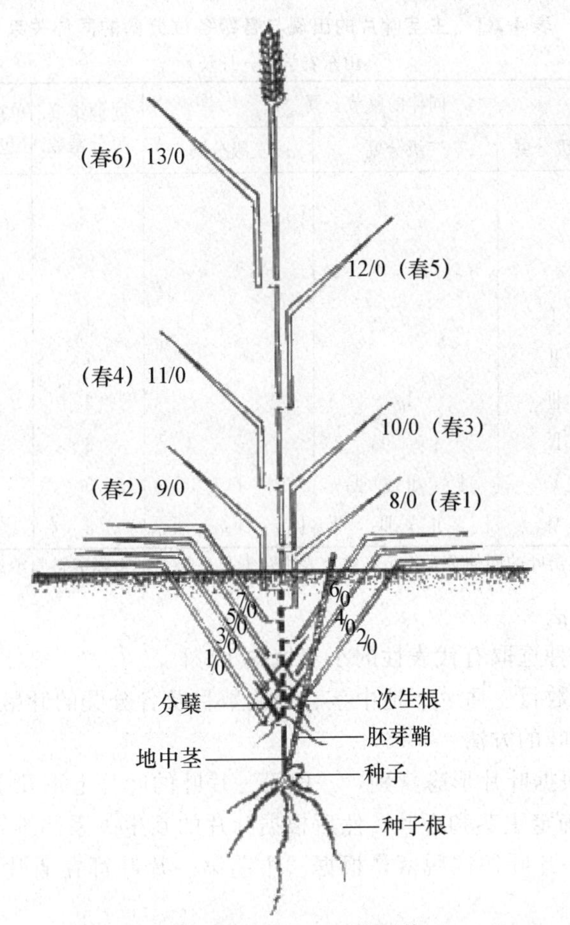

图 4-2-2　小麦主茎结构（迟范民等，1984）

1/0～13/0 表示主茎出现的叶位；春 1～春 6 表示春生叶数。

在营养条件较好的情况下，当小麦主茎上发生第 4 片真叶时，从第 1 片真叶上发生第 1 个分蘖，之后主茎上每发生一片真叶，即沿主茎自下而上长出一个分蘖，分蘖的发生与

主茎叶龄保持 $n-3$ 的同伸关系，即“叶蘖同伸”规律。有的小麦品种在合适的栽培条件下，小麦主茎上发生第 3 片真叶时，从胚芽鞘上发生胚芽鞘分蘖，成为主茎上最先发生的分蘖。每个分蘖在 3 叶龄时，也会在分蘖鞘腋处发生第一个次级分蘖。上述“叶蘖同伸”规律是一种理论模式，在实际生产中会受栽培条件的影响，分蘖可能出现“缺位”现象。

（2）分蘖的级、位、名称、大小（叶片数）表示法　按照分蘖所在的位置和发生的先后顺序，分蘖分为一级分蘖、二级分蘖和三级分蘖等。一级分蘖是指从主茎叶腋处发生的分蘖，用Ⅰ、Ⅱ、Ⅲ等表示。Ⅰ、Ⅱ、Ⅲ分别表示从主茎上第 1 片真叶、第 2 片真叶和第 3 片真叶上发生的一级分蘖。胚芽鞘蘖也是一级分蘖，用 C 表示。二级分蘖是指从一级分蘖叶腋处发生的分蘖，用 I_{1}、I_{2}、I_{3}、II_{1}、II_{2}、II_{3} 等表示。I_{1}、I_{2} 和 I_{3} 分别表示从Ⅰ蘖的第 1 片真叶、第 2 片真叶和第 3 片真叶上发生的二级分蘖。三级分蘖是指从二级分蘖叶腋处发生的分蘖，用 I_{1-1}、I_{1-2}、I_{2-1}、I_{2-2}、II_{1-1}、II_{1-2} 等表示。I_{1-1} 和 I_{1-2} 分别表示从 I_{1} 蘖的第 1 片真叶和第 2 片真叶上发生的三级分蘖。分蘖鞘是每个分蘖上发生的第一片不完全叶，呈薄膜鞘状结构，用 P 表示。如从Ⅰ蘖的分蘖鞘上发生的分蘖用 I_{p} 表示（表 4-2-1）。

表 4-2-1　主茎叶片的出现与各级各位分蘖的同伸关系

（山东农学院，1975）

主茎出现的叶位	主茎出现的叶片数	同伸的蘖节分蘖			同伸组蘖节分蘖数	单株总茎数（包括主茎）	胚芽鞘蘖	胚芽鞘蘖的二级蘖
		一级分蘖	二级分蘖	三级分蘖				
1/0	1							
2/0	2							
3/0	3				0	1	C	
4/0	4	Ⅰ			1	2		
5/0	5	Ⅱ			1	3		C_{p}
6/0	6	Ⅲ	I_{p}		2	5		C_{1}
7/0	7	Ⅳ	I_{1}，II_{P}		3	8		C_{2}
8/0	8	Ⅴ	I_{2}，II_{1}，III_{P}	$\mathrm{I}_{p\text{-}p}$	5	13		
9/0	9	Ⅵ	I_{3}，II_{2}，III_{1}，IV_{P}	$\mathrm{I}_{1\text{-}P}$，$\mathrm{I}_{P\text{-}1}$，$\mathrm{II}_{p\text{-}p}$	8	21		

注：胚芽鞘分蘖与主茎出叶的同伸关系很不稳定，表中数据是根据大量实际资料归纳的。

（3）分蘖观察方法

①取样。每个品种选取有代表性的小麦植株 10 株。

②观察主茎叶片数目、盾片、地中茎、分蘖数目及各分蘖的叶龄。

确定主茎第一片叶的方法：

a. 在幼苗期可根据叶片形态辨别，一般第一片叶的叶片上下几乎同宽，顶端较钝。

b. 倒推法：先确定主茎和心叶，然后根据叶片的互生关系倒推第一片叶。

c. 越冬小麦第一片叶往往脱落，根据“主茎第一片叶都在盾片的对侧”这一规律来判定。

③分析有无分蘖缺位，分蘖生长情况及其原因。

三、实验材料

同一播种日期的不同小麦品种的幼苗。

四、实验步骤

（1）小麦主茎叶龄与分蘖的观察。

（2）小麦苗情分析。根据小麦幼苗主茎叶龄和分蘖的观察情况，分析各小麦品种的长势情况并排序。

（3）根据自己观察的实际情况，绘制小麦分蘖模式图，并标出各分蘖名称和叶龄。

五、结果统计与分析

通过观察小麦分蘖及其叶龄，写出实验报告。实验报告包括小麦分蘖模式图、表。表可参考表 4-2-2 的形式。

表 4-2-2　小麦分蘖及其叶龄

品种	主茎叶龄	一级分蘖及其叶龄						二级分蘖及其叶龄								三级分蘖及其叶龄

（赵悦）

4-3 主要农作物幼穗分化的观察与定量化测量

4-3-1 冬小麦幼穗分化的观察与定量化测量

一、实验目的

（1）了解小麦穗的结构和小麦幼穗分化进程。

（2）掌握小麦幼穗分化主要时期的形态特征识别和判定方法；掌握幼穗显微数码摄像和测量技术。

二、内容说明

1. 小麦穗结构

小麦穗由穗轴和小穗组成。其中穗轴由穗轴节片组成，每个穗轴节片上着生一枚小穗。小穗由小穗轴、两片护颖（颖片）及若干小花组成。小花由一枚内稃、一枚外稃、一个雌蕊、三个雄蕊、两个浆片组成，其中外稃着生芒（图 4-3-1-1）。

2. 小麦幼穗分化过程及其主要时期

小麦幼穗分化的时间，根据小麦品种、播期、环境因素等会有较大不同。对小麦植株个体来说，分化顺序是按照先主茎后分蘖，先低级分蘖后高级分蘖，先低位分蘖后高位分蘖进行的。一般在观察幼穗分化时，以主茎为对象进行考察。主茎比较能够确切反映个体发育的真实情况。

二维码 4-3-1-1 小麦幼穗分化主要时期的体式显微镜照片

二维码 4-3-1-2 小麦幼穗分化主要时期的扫描电镜照片

小麦穗分化开始之前，处于茎叶原基分化期（未伸长期），这个时期小麦茎的生长点还未伸长，基部宽度大于高度，呈圆锥形。当茎的生长锥开始伸长时，标志着小麦幼穗分化的开始。根据幼穗分化的形态特征，小麦的幼穗分化过程被人为划分为以下 8 个时期（二维码 4-3-1-1 和二维码 4-3-1-2）：

A. 生长锥伸长期　生长锥开始伸长，标志着茎叶原基分化的结束和幼穗分化的开始。此时小麦生长锥高度大于宽度，呈光滑且透明的圆锥形。

B. 单棱期　随着生长锥的进一步伸长，在生长锥基部自上而下向顶式的分化出苞叶

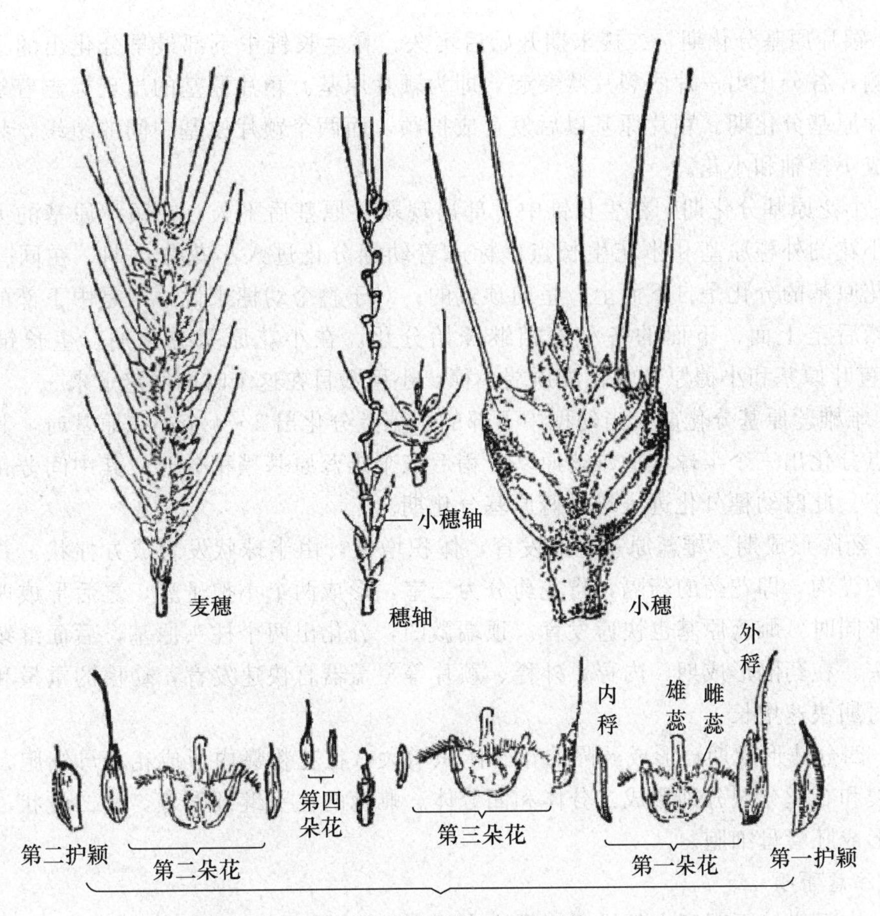

图 4-3-1-1　小麦穗的结构（迟范民等，1984）

原基。苞叶原基呈环状突起，此时生长锥看起来呈一条条的棱状，因此，这个时期被称为单棱期。与叶原基不同，苞叶原基不发育成叶片，后期逐渐退化。两片苞叶原基之间发育形成穗轴节片。单棱期又称穗轴节片分化期或苞叶原基分化期。

C. 二棱期　苞叶原基分化发育到一定阶段，从幼穗中下部苞叶原基叶腋处最早分化出小穗原基，然后分别向上向下继续在两个苞叶原基之间分化出小穗原基。苞叶原基和小穗原基间隔出现，呈二棱状，因此，这个时期被称为二棱期。二棱期又被称为小穗原基分化期。二棱期持续时间相对较长，根据苞叶原基和小穗原基的形态变化，二棱期又被划分为二棱初期、二棱中期和二棱末期三个时期。

二棱初期：生长锥持续伸长，不断分化出新的苞叶原基；在幼穗中下部两个苞叶原基之间开始分化出小穗原基，此时二棱状并不明显。

二棱中期：小穗原基不断分化，数量增多的同时体积也开始增大；此时生长锥的二棱状最为明显，既能见到幼穗侧面明显的小穗原基突起，又能见到小穗原基下面的苞叶原基。

二棱末期：小穗原基的体积继续增大，苞叶原基逐渐退化。在最先分化出小穗原基的生长锥中下部，小穗原基的体积已经盖过苞叶原基，标志着幼穗分化进入了二棱末期。此时期二棱状又变为不明显。

D. 颖片原基分化期　二棱末期开始后不久，在生长锥中下部最早分化出的小穗原基基部两侧，各分化出一片浅裂片状突起，即为颖片原基。颖片原基的出现标志着幼穗分化进入颖片原基分化期。颖片原基以后发育成护颖，而两个颖片原基中间的组织，将来会分化发育成小穗轴和小花。

E. 小花原基分化期　在生长锥中下部出现颖片原基后不久，在颖片原基的上方内侧分化出小花的外稃原基和小花生长点，标志着幼穗分化进入小花分化期。在同一个小穗内，小花原基的分化是自下而上，呈向顶式的；对于整个幼穗来说，则是中下部的小穗先分化，然后至上面、下面的各小穗相继开始分化。在小花原基分化期，生长锥顶部的3～4个苞叶原基和小穗原基转化成顶端小穗，小穗数目在这个时期固定下来。

F. 雌雄蕊原基分化期　当幼穗中下部的小穗上分化出3～4个小花原基时，其基部小花生长点分化出三个半球状的雄蕊原基，稍后三个雄蕊原基稍稍分开，其中间分化出一个雌穗原基。此时幼穗分化进入雌雄蕊原基分化期。

G. 药隔形成期　雄蕊原基继续发育，体积增大，由半球状发育成方柱状，并出现顶部微凹的纵沟，即花药的药隔，将花药分为二室，形成两个小孢子囊，之后形成四个花粉囊。几乎同时，雌蕊原基也快速发育，顶端微凹，分化出两个柱头原基，后面继续发育成羽状柱头。在药隔形成期，内稃、外稃、颖片等覆盖器官快速发育，幼穗的重量和体积也在这一时期快速增长。

H. 四分体形成期　形成药隔的花药体积增大，在花粉囊内形成花粉母细胞，之后经减数分裂和有丝分裂分别形成二分体和四分体。雌蕊的柱头继续发育，呈二歧状，在胚囊内发育形成胚囊母细胞。

3. 注意事项

(1) 在显微镜下观察生长锥时，要注意从生长锥的不同立体面，如正面、侧面、上部等方向进行全面观察。

(2) 在解剖叶龄比较小的幼苗时，尽量留住分蘖节和根，防止在解剖和观察过程中生长锥失水。准确找到主茎上的生长锥进行解剖和观察。

三、实验材料和仪器设备

1. 实验材料

同一播种日期的不同小麦品种的幼苗。

2. 实验仪器设备

体式显微镜、数码显微摄像系统、解剖针、剪刀、镊子、载玻片等。

四、实验步骤

(1) 在不同品种的麦苗上挂上小吊牌用于区分；取苗时注意尽量不要伤根；在洗根池内将泥土洗净。

(2) 记录植株的外部形态，包括叶龄、春生叶数、心叶长度等。

(3) 用解剖针剥开包裹幼穗的叶片，露出生长锥，在体式显微镜下进行观察，判断幼穗所处的分化时期，测量幼穗长度。如观察处于四分体时期的幼穗，将略带黄绿色的花药置于载玻片上，用镊子将花药碾碎，加一滴醋酸洋红染液后盖上载玻片，于显微镜下观察。

五、结果统计和分析

1. 根据小麦幼穗分化过程形态解剖观察和定量测定结果填写表 4-3-1-1。

表 4-3-1-1　小麦穗分化形态

处理	心叶长度/cm	春生叶数/片	幼穗分化时期	幼穗长度/mm	小穗分化数/穗

2. 根据自己的实验结果：①小麦幼穗分化时期；②幼穗长度（显微测量与换算或显微数码摄像及测量的结果）；③每穗小穗分化数；④春生叶数；⑤心叶长度等，比较分析各处理材料小麦的幼穗分化状况，并按其幼穗分化由早到晚顺序排列。

（赵悦）

4-3-2　水稻幼穗分化的观察与定量化测量

一、实验目的

（1）了解水稻穗结构及其分化、发育形成过程。

（2）掌握水稻幼穗分化过程的形态解剖、观察技术。

（3）掌握水稻幼穗主要分化时期形态识别和判定方法。

（4）掌握水稻幼穗显微测量方法，测量水稻幼穗长度。

（5）学习水稻幼穗分化主要时期水稻植株内、外相关性的研究方法。

二、内容说明

首先了解发育完整的稻穗结构，以利于理解和掌握水稻幼穗各器官分化、发育形成过程。

1. 稻穗结构

二维码 4-3-2-1
发育完整的
稻穗结构

稻穗属于圆锥花序，由穗颈节（第一苞叶）开始向上每苞叶节着生 1 个一次枝梗，其分化是向顶式的。每个一次枝梗的基部一般着生 3 个二次枝梗，顶部一般着生 6 个有柄颖花。每个二次枝梗一般着生 3 个有柄颖花，每个发育完整的颖花又包括护颖、副护颖、外颖和内颖（即内、外稃），6 个雄蕊，1 个雌蕊和 2 个浆片。雄蕊由花药和花丝组成。雌蕊由子房和二裂羽毛状的柱头组成（二维码 4-3-2-1 和二维码 4-3-2-2）。开花后受精的子房发育成米粒。

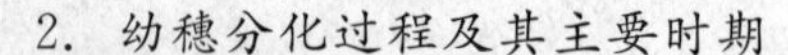

2. 幼穗分化过程及其主要时期

二维码 4-3-2-2
水稻颖花的
构造

水稻幼穗分化开始的顺序一般是按照先主茎，后大分蘖，再小分蘖依次重叠进行的，所以同一株的主茎与各分蘖的幼穗分化进程是不同步的。因此，在观察水稻幼穗分化进程时，一般以主茎为对象，主茎较能反映个体幼穗分化发育的真实状况。水稻幼穗分化进程是连续并重叠进行的。根据各个时期调控效应和幼穗独特的形态特征，将水稻幼穗分化进程划分为几个主要时期。水稻生长锥从第一苞（即穗颈节）分化开始，进入生殖生长阶段。水稻幼穗分化时期的划分如下。

（1）第一苞（穗首）分化期（二维码 4-3-2-3）：稻穗开始分化时，最先从稻茎顶端生长点上分化出第一苞原基。第一苞原基的出现，标志着原始的穗颈节已分化形成，其上就是穗轴。

（2）一次枝梗分化期（二维码 4-3-2-4）：第一苞原基增大后，紧接着在生长锥上分化第二苞原基、第三苞原基……并在各苞原基的腋部产生新的突起，即第一次枝梗原基。分化进一步发展，这些凸起达到了生长锥的顶端，第一次枝梗的分化随即结束，此时在苞的着生处开始长出白色的苞毛。

（3）二次枝梗分化期（二维码 4-3-2-4）：二次枝梗原基在顶端一次枝梗基部出现，并由下而上依次出现。当二次枝梗原基已经分化到各个一次枝梗原基的上部时，稻穗全部被苞毛覆盖起来，这时稻穗的长度为0.5～1.0 mm。

(4) 颖花分化期（二维码4-3-2-5)：接着，上部的一次枝梗顶端出现颖片原基，小穗从这时开始陆续分化，随后在二次枝梗上分化出小穗原基，这时稻穗长度一般为1.0～1.5 mm。

二维码 4-3-2-3
第一苞分化期

二维码 4-3-2-4
一次枝梗分化期和二次枝梗分化期

二维码 4-3-2-5
颖花分化期

(5) 雌雄蕊分化期：雄蕊分化出花药和花丝；雌蕊开始分化；内外颖逐渐包合。此时幼穗长度一般为0.5～1.0 cm。

(6) 花粉母细胞分化形成期。

(7) 母细胞减数分裂（二分体 、四分体）期。

(8) 花粉粒形成期。

水稻生长锥从第一苞（即穗颈节）分化开始至雌雄蕊分化期是幼穗性器官分化形成期；从花粉母细胞分化形成期至花粉粒形成期是幼穗性细胞分化形成期。在丁颖划分水稻幼穗分化8个时期的基础上，一般把水稻幼穗分化简要划分为5个主要时期：①第一苞（穗首）分化期；②枝梗分化期；③颖花分化期；④减数分裂期；⑤花粉粒形成期。生产上简化为3个时期：①穗首（早穗肥）期；②枝梗和颖花分化（中穗肥）期；③减数分裂和花粉粒（晚穗肥）期。

三、实验材料、仪器设备

1. 实验材料

同一日期播种的不同水稻品种的幼苗。

2. 实验仪器设备

解剖镜、显微镜、镊子、解剖针、剪刀、刀片、直尺等。

四、实验步骤

1. 取样

选取具有代表性或事先标记的植株。每个组准备6～8个塑料盒，贴上号牌；到试验田中取6～8种长势不同的水稻植株，每种取8～10株，将植株洗净放在塑料盒中，塑料盒里面加入水。

2. 观测

测量并记录水稻植株的外部形态。

3. 解剖及观察

一般以主茎为观察对象。首先把选取的植株去掉一部分根，留下适量的根，以便剥取幼穗时用手掌握。然后由外向内将叶片和叶鞘逐层剥去，在剥取过程中，注意观察各个叶的形态。用解剖针从纵卷叶片的叶缘交接处，顺时针或逆时针方向从基部把叶去掉。当剥到肉眼不易分辨的叶片时，可放在解剖镜下，继续用解剖针剥，直至露出透明发亮的生长锥。注意观察幼穗正面、侧面，基部、中部和上部，以获得全面的概念。

4. 幼穗体视显微镜观察测量与换算方法

20 倍：幼穗实际长度（mm）=1/10× 格数；

40 倍：幼穗实际长度（mm）=1/20× 格数；

90 倍：幼穗实际长度（mm）=1/45× 格数。

五、实验报告

1. 完成对水稻幼穗的解剖、观察及测量，填写表 4-3-2-1。

表 4-3-2-1　水稻幼穗的分化形态

处理	株高/cm	叶龄余数	幼穗分化时期	幼穗长度/mm			茎长/cm
				倍数	格数	长度	长度

2. 根据自己的实验数据：水稻幼穗分化时期；一次枝梗、二次枝梗分化数，幼穗显微测量的长度，叶龄余数及茎长等，比较分析各处理稻苗幼穗分化状况。按幼穗分化由早到晚顺序排列，确定幼穗分化最早的稻苗，并简述肥水等措施的增产效应。

（袁旭峰）

4-4 水稻产量性状考察与分析

一、实验目的

（1）了解水稻4个产量性状及其形成过程。

（2）掌握水稻产量性状室内考察方法。

（3）分析限制水稻产量的主要因素，总结在水稻生长发育过程中栽培措施的优劣，提出相应的高产栽培技术措施。

二、内容说明

水稻单位面积产量（理论产量）是每亩有效穗数（每穗数）、每穗颖花数（每穗平均结实粒数）、结实率和粒重的乘积。4个产量性状相互制约，其中任何一个性状的增大，如果其他性状受影响较小，均使产量提高。各产量性状是在不同的生育时期形成的。通过对产量性状的考察、分析，可提出并实行改进生产的措施，提高产量。

1. 每亩有效穗数

每亩有效穗数由主茎穗和分蘖穗组成。有效穗的形成受品种分蘖力，行、穴距，每穴基本苗数，土壤肥力和苗期、幼穗分化形成期的肥、水管理等因素影响。

2. 每穗平均结实粒数

每穗平均结实粒数受品种特性（大、小穗型）、适宜的播种期和肥水管理技术等因素的影响，由每穗颖花分化数、退化数、现存数和结实率等决定。

3. 结实率

结实率是指密度在1.06以上的饱满颖花数占现存颖花（含饱、空、秕）数的百分率。

4. 千粒重

千粒重是指1 000粒稻谷的质量，以g为单位。千粒重取决于颖壳大小和米粒的发育、充实程度。它是田间预测产量时的重要依据。

5. 生物学产量

生物学产量是指光合产物生产积累的总量（kg/亩，g/穴）。

6. 经济产量

经济产量是指饱满粒生产量（kg/亩，g/穴）。

7. 经济系数

经济系数=经济产量/生物学产量，说明光合产物总量向饱满粒转化的状况。

8. 理论产量

理论产量（kg/亩）=亩穗数×每穗颖花数×结实率×粒重。

三、实验原理

水稻单位面积产量（理论产量）=每亩有效穗数×每穗颖花数×结实率×千粒重/10^6。粒重采用千粒重时，千粒重单位为g；产量单位为kg；10^6 为换算系数。

四、实验材料、仪器设备

1. 实验材料

水稻成熟后，收获的完整水稻植株。

2. 实验仪器设备

电子天平（0.1 g）、钢卷尺、直尺等。

五、实验步骤

1. 取样

取样应具代表性。根据田块大小、水稻田间生长状况决定取样点。常用取样方法有五点取样法、八点取样法和随机取样法等。

(1) 测量行距、穴距，求每亩穴数。在每个取样点上测量11穴水稻的横、纵距离，分别除以10即求得行距、穴距；再求出各取样点的行距、穴距的平均值。

$$每亩穴数=\frac{666.7\ (m^2)}{平均行距\ (m)\ \times 平均穴距\ (m)}$$

(2) 取样：在每个样点上连续取样10～20穴，每小区取5个样点，一般共取样50～100穴；然后在各样点的取样中，选出具代表性的5穴。每小区选10穴稻株进行室内产量性状的考察、计算及分析。

2. 考察

① 数取有效穗数（含有饱满颖花的穗数）和无效穗数（只有空粒、秕粒的穗数）。

②剪去冠根，用电子天平称出生物学产量（有效穗+无效穗+茎叶，g/穴），计算单位面积产量（kg/亩）。

③ 水稻穗部性状考察：观察稻穗结构，识别穗轴、一次枝梗、二次枝梗、颖花、穗轴节及穗生长点的退化痕迹。

A. 一次枝梗

一次枝梗是指直接着生于穗轴上的枝梗，一般其顶部直接着生6个颖花，基部着生3个二次枝梗。一次枝梗的分化是向顶式的（穗基部的一次枝梗分化得早），其发育强度、顺序则为离顶式（穗基部的一次枝梗发育强度小，易退化），因此，一次枝梗的退化一般发生在穗基部。一次枝梗分化后，其发育过程中途停止，并留有退化痕迹。穗轴上有节而无枝梗处即为退化的一次枝梗。一次枝梗的退化对每穗颖花数影响最大。各穗一次枝梗数差异小，即为穗整齐。

B. 二次枝梗

二次枝梗着生于一次枝梗基部，一般直接着生3个颖花。二次枝梗的退化一般发生在稻穗基部一次枝梗的基部。二次枝梗的退化也影响穗粒数。思考减少二次枝梗退化数、增加粒数的措施。

C. 颖花

颖花是指直接着生于一次枝梗顶部和二次枝梗的颖花。稻穗顶部的颖花为优势顶花，穗基部的为弱势颖花。一次枝梗顶部的6个颖花及二次枝梗上的3个颖花的发育强度存在差异，发育强度次序为：顶部倒2颖花为弱势花，易形成空、秕粒。每穗粒数取决于颖花分化数与退化数。掌握颖花现存数、退化数的考察方法，促颖花多分化，减少退化，均能增加每穗粒数。颖花的退化主要随着一次枝梗的退化发生，每退化一个一次枝梗一般损失12个颖花；其次是随着二次枝梗的退化发生，每退化一个二次枝梗一般损失3个颖花；颖花也有单独退化的，一般在二次枝梗的基部。上述三项之和即为颖花退化数。

D. 空粒和秕粒

空粒是由未受精的花形成的，其外形、大小近于饱粒，但为空壳。秕粒是受精后的花在种子发育中途停止发育而形成的，其密度在1.06以下，脱壳时易被破碎而混入稻壳中。空、秕粒发生部位一般在穗基部一次枝梗顶部的倒数第二颖花和二次枝梗的倒数第二颖花。本实验用目测法判定秕粒，其依据为：颖花厚度明显减小；颖花明显扭曲变形；米粒为绿色；轻压易碎。

分别数取空、秕粒；然后脱取穗上的饱满粒，并称重量，即经济产量（g/穴），计算单位面积经济产量（kg/亩）。

3. 计算

①水稻穗部性状考察结果列表描述（表4-4-1）。

②$每亩穗数=\frac{666.7\ (m^2)}{平均行距\ (m)\ \times 平均穴距\ (m)}\times 每穴穗数$

③$结实率=\frac{饱满粒数}{现存颖花数}\times 100\%$

④$千粒重\ (g)\ =\frac{饱满粒重\ (g)}{饱满粒数}\times 1\,000$

⑤$经济系数=\frac{经济产量}{生物学产量}$

用以上数据，按实验原理中的公式求出产量。

4. 分析

①进行水稻穗部性状考察表的分析。

②进行水稻四个产量性状水平的分析。

六、实验报告

1. 完成水稻穗部性状考察，填写表 4-4-1。

表 4-4-1　水稻穗部性状

品种：9331　　行距：20 cm　　穴距：14 cm

穗号	一次枝梗/个		二次枝梗/个		颖花/个			
	现存数	退化数	现存数	退化数	现存数	退化数	空粒	秕粒
1								
2								
3								
4								
5								
6								
7								
8								
9								
10								
…								
…								
合计								
平均								

2. 计算：

①每亩穗数＝

②结实率＝

③千粒重（g）＝

④经济系数 ＝

⑤理论产量（kg/亩）＝

3. 根据实验考察与分析，提出该水稻品种在生产中存在的问题及制订提高生产效益的主要栽培措施。

（袁旭峰）

4-5　玉米各生育时期的考察标准与方法

一、实验目的

(1) 了解玉米各营养器官、雌穗、雄穗的结构、功能和分化发育过程。

(2) 掌握玉米各生育时期常用的考察方法，掌握玉米雌、雄穗分化发育解剖观察技术。

二、内容说明

1. 玉米器官结构与识别

(1) 根　玉米的根是须根系，由胚根（又叫种子根、初生根）（图 4-5-1）和节根（又

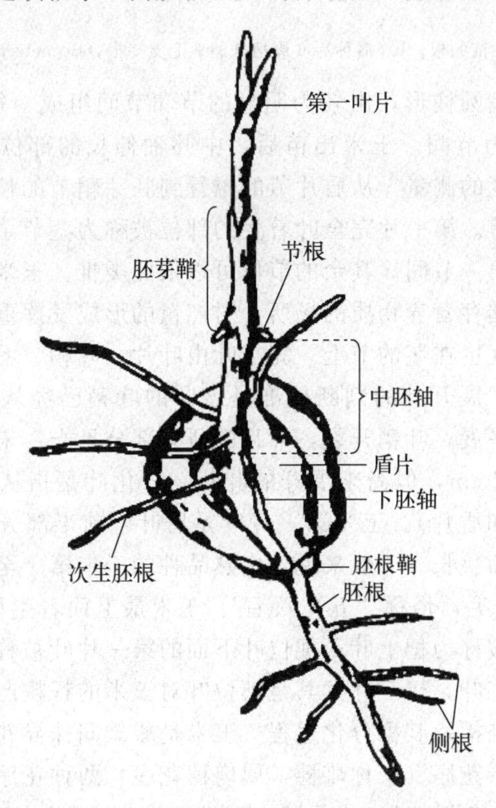

图 4-5-1　玉米种子萌发时的初生根（于振文，2003）

叫次生根、不定根）组成。种子萌发时，首先长出 1 条初生胚根，然后从下胚轴处继续长出 3～7 条次生胚根（第 1 层节根）。节根又分为地上节根和地下节根（图 4-5-2）。着生在地上茎节上的节根被称为地上节根，又叫气生根、支持根。地上节根除了起到吸收营养物质，固定、支撑、防倒伏的作用以外，还可以进行光合作用。着生在地下茎节上的节根被称为地下节根。当玉米长出 2～3 片完全叶时，着生第一片叶的节间基部、胚芽鞘节的上面开始长出第一层节根。

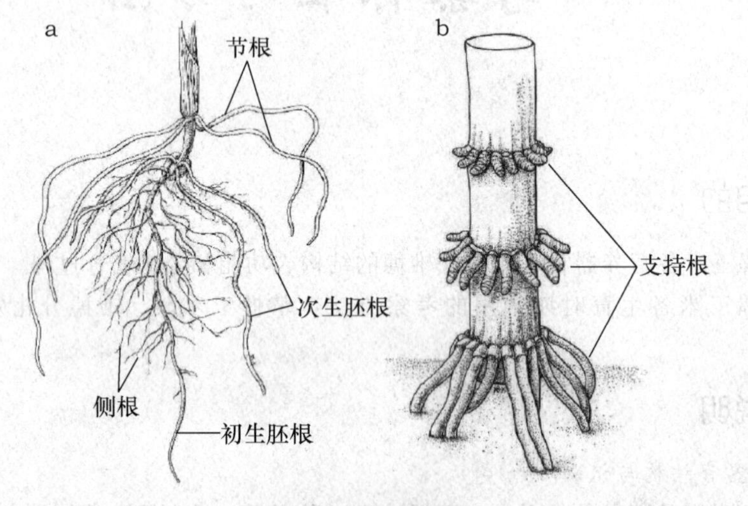

图 4-5-2 玉米的根

a. 播种后 14 d 幼苗的根；b. 播种后 6 周植株的地上支持根（Bennetzen 和 Hake，2009）

（2）茎 玉米的茎呈圆柱形，由较为明显的节和节间组成。每个节上着生一片叶子。节与节之间的部位被称为节间。玉米出苗后，中胚轴伸长的部位被称为地中茎，也叫根茎。根茎（地中茎）长度的测量，从盾片节的位置到胚芽鞘节的位置，拉直测量。胚芽鞘着生的部位叫作胚芽鞘节。第一片完全叶着生的部位被称为茎节第一节。胚芽鞘与主茎第一节之间的部位，叫作第一节间。其余的节位可以依此类推。玉米的茎，既有支持和运输营养物质的作用，也是储存营养物质的场所，对产量的形成发挥重要作用。

（3）叶 玉米的叶互生在茎的节上。完全叶由叶片、叶鞘、叶舌、叶枕组成。可见叶包括展开叶和未展开叶。展开叶的判断标准是该叶的叶鞘已经从该叶下位叶的叶鞘中露出。展开叶的叶片基部平展，叶鞘开裂，叶片的所有部分见光。未展开叶是指叶的顶端露出喇叭口的直径不小于 2 cm，但尚未展开的叶片。分化叶是指从生长锥上分化出的所有完全叶（不包括胚芽鞘和盾片）。玉米第一片叶是盾叶，前半部分呈椭圆形。除第一片叶之外，其他叶片前端尖而狭长。一般来说，中熟品种的玉米第 1 至 5 片叶表面光滑；从第 6 片叶开始叶表面有层绒毛，俗称“五光六毛”。玉米最上面着生穗的叶片被称为穗位叶。穗位叶上面的第一片叶被称为穗上叶；穗位叶下面的第一片叶被称为穗下叶。穗位叶、穗上叶和穗下叶被称为棒三叶，棒三叶尤其是穗位叶对玉米的籽粒产量有重要贡献。

（4）雌穗和雄穗的结构及其穗分化过程 玉米是雌雄同株异花作物，有雄花序（又称雄穗，属圆锥花序）和雌花序（又称雌穗，属肉穗花序）两种花序。茎秆顶端营养生长转变为雄穗生长锥分化，最终发育成玉米雄穗。而茎的中、上部几个侧芽的芽端营养生长转变为雌穗生长锥分化，最终发育成玉米雌穗（二维码 4-5-1 和二维码 4-5-2）。玉米雄穗着生于茎秆顶端，由主轴、分枝、小穗和小花构成。主轴和分枝上成对的着生小穗。成对的小穗中一个为有柄小穗，一个为无柄小穗。每个小穗内着生着 2 个雄性小花。每个雄性小花由内稃、外稃和 3 个雄蕊组成。雄蕊的花丝顶端着生花药。雌穗受精结实后即为果穗。每个果穗由雌小穗和穗轴构成。穗轴上着生许多成对的无柄小穗。每个小穗由 2 个颖片包裹着 2 个雌花，其中上位雌花为结实花，具有花丝、子房、内稃、外稃结构，授粉后可以结实；下位花退化不能结实，仅残存膜质的内稃、外稃和退化的雌雄蕊。

二维码 4-5-1
玉米的营养分生组织和生殖分生组织

二维码 4-5-2
玉米雄花序和雌花序结构

玉米雌、雄穗分化进程：雄穗的分化一般起始于拔节期之前；而雌穗的分化一般起始于拔节期之后。一般来说，雄穗和雌穗的分化发育被划分为以下 5 个时期：生长锥未伸长期、生长锥伸长期、小穗分化期、小花分化期和性器官形成期。玉米雌、雄穗分化的各个时期与植株的外部形态即营养器官的发育存在一定的相关性，但会因品种和栽培条件的不同存在差异。

雄穗分化（图 4-5-3）时期及特征如下。

Ⅰ生长锥未伸长期：由营养生长锥转化为雄穗原始体生长锥。生长锥呈半球状，宽度略大于长度，透明且表面光滑，其基部有叶原始体。此时植株外部形态处于拔节期之前，叶龄指数小于 25。

Ⅱ生长锥伸长期：生长锥伸长，长度开始大于宽度，随后基部开始出现叶突起。此时植株外部形态处于拔节期，茎的基部节间开始伸长，叶龄指数约为 30。

Ⅲ小穗分化期：生长锥继续伸长，其基部出现分枝突起，中部出现小穗原基。以后每个小穗原基又分化出 2 个小穗突起，大的在上，将来发育成有柄小穗；小的在下，将来发育成无柄小穗。小穗基部出现颖片原基。此时植株外部形态表现为茎节继续伸长，叶龄指数约为 42。

Ⅳ小花分化期：每个小穗的颖片原基上又分化出 2 个小花原基；后来小花原基分化出 3 个雄蕊原基和 1 个雌蕊原基；继续发育时雌蕊退化，雄蕊形成药隔。上位花比下位花发育旺盛，每朵小花形成内稃、外稃和 2 个浆片。此时植株外部形态为小喇叭口期，叶龄指数约为 46。

Ⅴ性器官形成期：雄蕊原始体继续生长并产生花药；花药进一步增大，花粉母细胞进入四分体时期，雄穗体积快速增长。此时植株外部形态为大喇叭口期，叶龄指数约为 60。四分体进一步形成花粉粒。穗轴节片进一步增长，颖片和内稃、外稃也迅速生长，整个雄穗长成。此时外部形态进入孕穗期，不久进入抽雄期。花粉粒形成初期叶龄指数约为 67。

雌穗分化（图 4-5-4）时期及特征如下。

Ⅰ生长锥未伸长期：生长锥呈半球状，宽度略大于长度，透明且表面光滑，其基部分化出节和节间；节上的叶原始体，将来发育成苞叶。此时植株外部形态表现为茎节伸长，雄穗大约处于小穗分化期，叶龄指数约为 42。

Ⅱ生长锥伸长期：生长锥伸长，长度开始大于宽度，随后基部开始出现分节和叶突起。叶突起的叶腋处将来会分化出小穗原基，之后叶突起会消失。此时雄穗约处于小花分化前期，叶龄指数约为 47。

Ⅰ.生长锥未伸长

Ⅱ-1.生长锥伸长

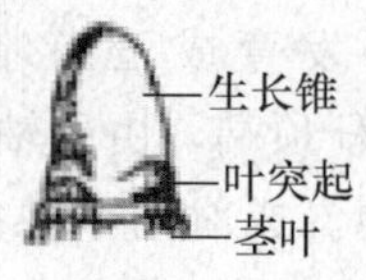

Ⅱ-2.生长锥开始分节

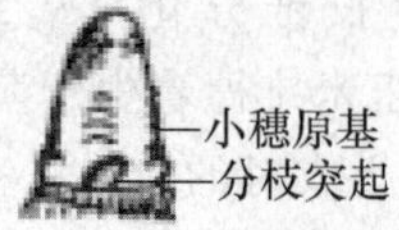

Ⅲ-1.小穗原基形成

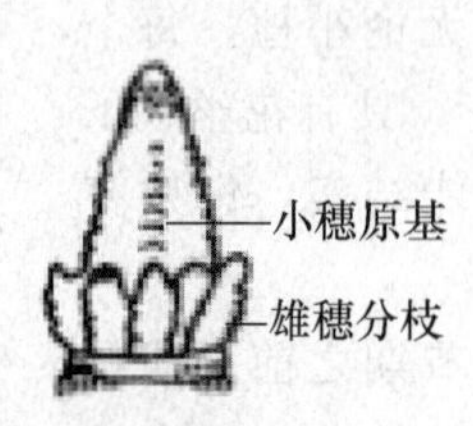

(a) 雄穗

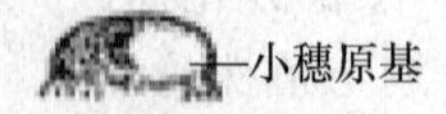

(b) 一个小穗原基

Ⅲ-2.小穗原基形成
并形成分枝

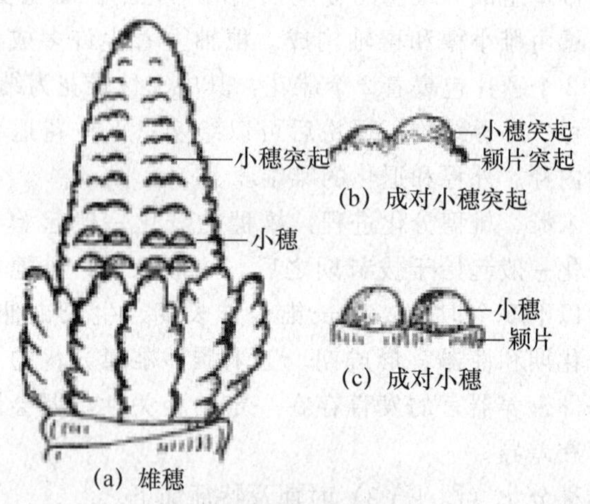

(a) 雄穗

(b) 成对小穗突起

(c) 成对小穗

Ⅲ-3.小穗原基分化为成对小穗

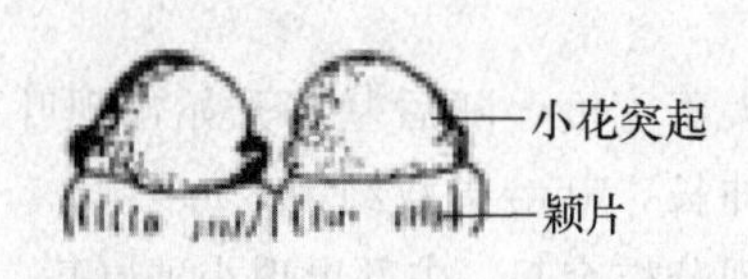

Ⅳ-1.小穗中的小花开始分化

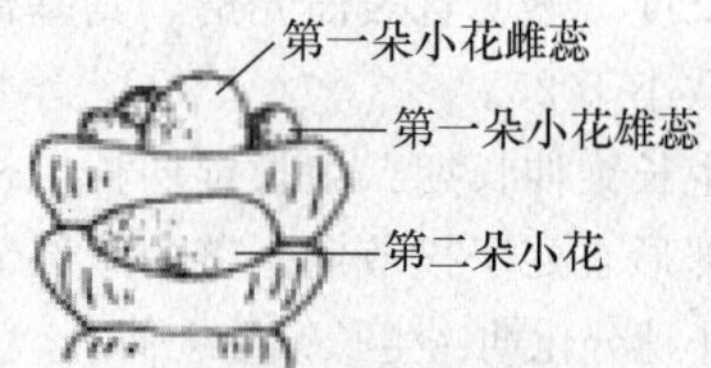

Ⅳ-2.在一个小穗中形成两朵小花，
第一朵小花开始形成雌雄蕊突起

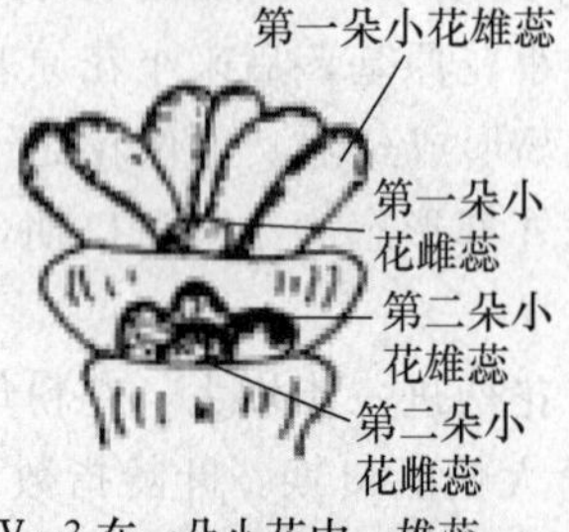

Ⅳ-3.在一朵小花中，雄蕊
生长发育，雌蕊逐渐退化

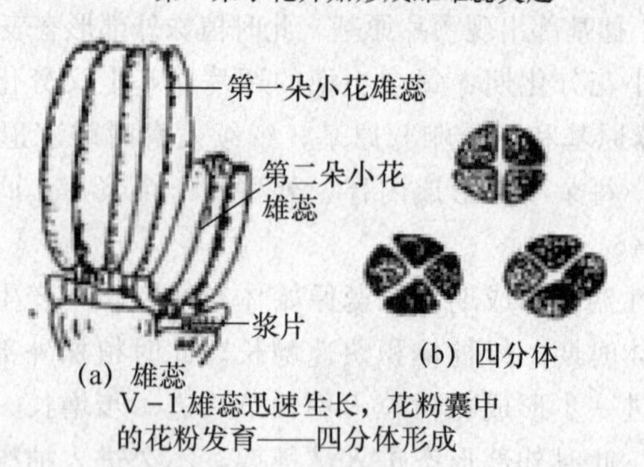

(a) 雄蕊

(b) 四分体

Ⅴ-1.雄蕊迅速生长，花粉囊中
的花粉发育——四分体形成

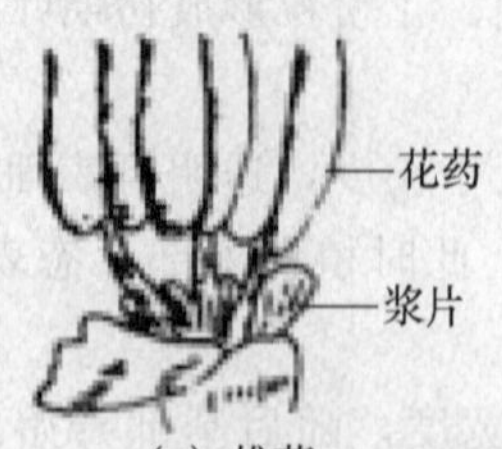

(a) 雄蕊

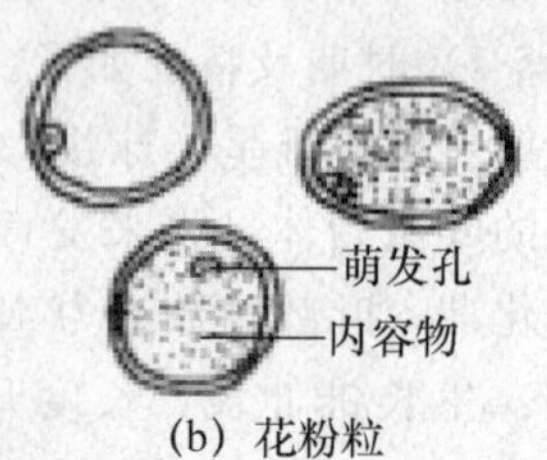

(b) 花粉粒

Ⅴ-2.花粉粒形成及内容物充实

图 4-5-3 玉米雄穗分化的主要时期（史春余等，2012）

Ⅲ小穗分化期：生长锥继续伸长，其基部出现小穗原基。每个小穗原基又分裂为2个小穗突起，形成2个并列小穗，随后小穗基部出现褶皱状突起，将来发育为颖片。小穗原基的分化从雌穗的中下部开始，然后向上向下分化。此时雄穗约处于小花分化后期，叶龄指数约为55。

Ⅳ小花分化期：每个小穗分化出一大一小2个小花原基。大的小花原基在上位，发育成结实小花；小的小花原基在下位，不久会萎缩成不孕小花。大的小花原基基部形成3个雄蕊原基，中央形成1个雌蕊原基。再往后雄蕊原基生长缓慢至逐渐退化；雌蕊原基迅速增大，发育成单性花。此时期是决定小花数即果穗粒数的关键时期，雄穗约处于性器官形成期，叶龄指数约为60。

Ⅴ性器官形成期：雌蕊的花丝渐长，基部形成柱头通道，顶端分叉，花丝上出现绒毛。子房体积变大，胚囊性细胞形成，果穗迅速增大，苞叶中抽出花丝。这一时期的前期正处于雄穗的花粉粒内容物充实期，即孕穗期，叶龄指数约为77。

对于群体而言，以一半以上的植株达到的分化期为标准。对于一个玉米植株而言，考察雄穗分化情况时，以主茎雄性生长锥为标准；考察植株雌穗分化情况时，以最上部节位的腋芽分化为准。对于一个考察穗而言，一般以穗的中下部开始发育到的分化时期为准。从雄穗进入四分体时期开始，以主轴中上部开始发育到的某个分化时期为准。

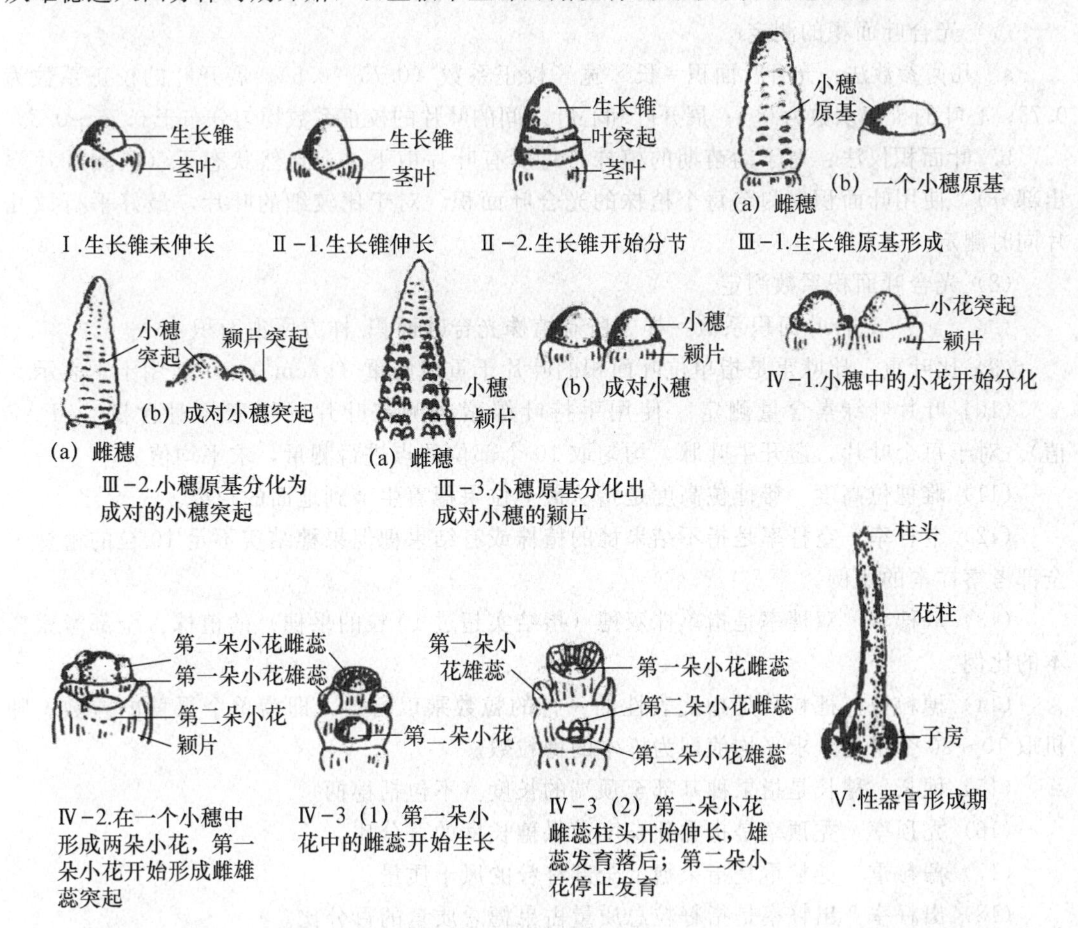

图 4-5-4 玉米雌穗分化的主要时期（史春余等，2012）

2. 考察内容与方法

相关性状考察标准如下。

(1) 株高　株高的表示方法一般有自然株高、生理株高和叶枕株高 3 种。

自然株高是指从作物的自然状态最高点到地面之间的距离，它反映了群体在自然状态下的高度和整齐度。

生理株高是植株叶片全部拉直后具有的最大高度，它反映了植株的最大高度。

叶枕株高是指植株最上部叶枕到地面的距离，它反映了植株茎伸长的情况，是高秆作物测定的理想参数。

(2) 胚芽鞘长度　胚芽鞘长度是指从第一层节根到胚芽鞘顶端的长度。当苗长度长，胚芽鞘不完整时，则从第一层节根测量至地面。

(3) 根茎（即地中茎）长度　根茎长度是指从盾片节到胚芽鞘节的距离，须拉直测量。

(4) 干（鲜）物重　鲜物重是指取样后立刻测量的质量；干物重是指样品在 80℃烘干 4～5 d 至恒重，或在 105℃烘干 15～30 min 后，再在 80℃烘干至恒重测量的质量。

(5) 叶龄指数　叶龄指数是指展开叶的叶片数占主茎总叶片数的百分数。

(6) 总叶片数　总叶片数是指主茎上着生的叶片总数。

(7) 光合叶面积的测定

a. 几何参数法：光合叶面积＝长×宽×校正系数（0.75～0.5）。展开叶的校正系数为 0.75；心叶的校正系数为 0.5；展开叶和心叶之间的叶片的校正系数均匀分布于 0.75～0.5。

b. 叶面积仪法：对于幼苗期的植株，将所有叶片剪下，在自然状态下（只测叶片露出部分），使用叶面积仪测定每个植株的光合叶面积。对于比较细的叶片，最好平行放几片同时测定。

(8) 光合叶面积系数测定

光合叶面积系数＝样方所有植株光合叶面积/样方所占面积

(9) 比叶重　比叶重是指单位叶面积的叶片干重或鲜重（g/cm^2），一般用干重表示。

(10) 叶片叶绿素含量测定　使用手持叶绿素仪测定叶片叶绿素相对含量（SPAD 值）。对于每个叶片，避开主叶脉，均匀取 10 个部位的点进行测量，求平均值。

(11) 雌穗位高度　雌穗位高度是指从最上位果穗着生节到地面的距离。

(12) 空秆率　空秆率是指不结果穗的植株或有结果穗但果穗结实不足 10 粒的植株占全部考察样本的比例。

(13) 双穗率　双穗率是指单株双穗（指结实超过 10 粒的果穗）的植株占全部考察样本的比例。

(14) 穗粒数　穗粒数是指代表性的一行的粒数乘以行数，即为单个果穗的粒数。随机取 10～20 个果穗，求平均值即为样本的穗粒数。

(15) 穗长　穗长是指果穗基部至顶端的长度（不包括穗柄）。

(16) 秃顶率　秃顶率是指秃顶长度占果穗长度的百分比。

(17) 穗粒重　穗粒重是指果穗上全部籽粒的风干质量。

(18) 出籽率　出籽率是指籽粒总质量占果穗总质量的百分比。

(19) 百粒重(g)　在风干种子中随机抽取100 粒进行称重，精确至 0.1 g，重复 2 次。

若2次的差值超过平均质量的5%，需重做一次，取2次质量相近的值取平均值。如样品量足够大，可以做千粒重的测量。

(20) 产量计算 理论产量（kg/亩）＝亩穗数×穗粒数×百粒重（g）/10^5。

三、实验材料、仪器设备和药品

1. 实验材料

不同叶龄的玉米植株。

2. 实验仪器设备和药品

叶面积仪、叶绿素仪、体式显微镜、天平、镊子、剪刀、解剖针、卷尺、载玻片、盖玻片、醋酸洋红等。

四、实验步骤

1. 田间取样

取样前，观察玉米的长势和均匀度。每个时期挑选有代表性的植株，进行多点取样。如有需要，可以进行叶位标记。在第5叶或者第10叶长出后，使用油漆在叶片上做出标记，方便后期正确判断叶片数目。穗分化的观察可以从第4片可见叶长出时开始，持续到抽雄吐丝期结束。

2. 植物外部形态和产量性状的考察

(1) 苗期形态特征考察 选取苗期植株，考察生理株高、次生胚根数、节根的层数和条数、胚芽鞘长度、根茎（地中茎）长度、覆土深、展开叶片数、可见叶片数、分化叶片数、生长锥长度和宽度、光合叶面积和光合叶片干（鲜）物重等。

(2) 雄穗分化始期与大喇叭口期形态特征考察 考察生理株高、展开叶片数、可见叶片数、总叶片数、节根的层数和条数、叶龄指数、光合叶面积系数、光合叶片干（鲜）物重、穗叶位光合叶片质量（同叶位，最上展开叶片）以及比叶重和叶绿素含量。

(3) 抽雄、吐丝期与籽粒灌浆期考察 考察自然株高、最大光合叶面积系数、总叶数、雌穗位高度、光合叶片叶绿素含量、雌穗和籽粒干（鲜）物重。

(4) 收获期测产与考种 考察亩株数、亩穗数、空秆率、双穗率、穗粒数、穗长、秃顶率、穗粒重、出籽率、百粒重和理论产量等。

3. 玉米穗分化过程的观察

(1) 雄穗的解剖观察与测量 在观察记录植株外部形态和叶龄指数后，剥去叶片和叶鞘，位于茎的顶端被心叶包裹的即为雄穗。在体式显微镜下进行雄穗分化的解剖观察和测量，并判断幼穗所处的分化时期。

(2) 雌穗的解剖观察与测量 玉米茎节上有被苞叶包被着的腋芽，使用小刀贴近茎部取下腋芽，在体式显微镜下将苞叶剥掉，即露出雌穗。观察雌穗并判断幼穗所处的分化时期。

(3) 显微数码测量 使用显微数码摄像系统测量雌穗、雄穗、小穗和花药的长度。

五、结果统计与分析

1. 考察玉米幼苗期，填写表 4-5-1。

表 4-5-1 玉米幼苗期特征

处理	株高/cm	次生胚根数/条	节根/（条/层）					根茎长/cm	胚芽鞘长/cm	覆土深/cm	叶片/个			生长锥长/mm
			1	2	3	4	5				展叶	可见叶	分化叶	

2. 用叶面积仪测定玉米幼苗（1 号苗、2 号苗）的单株光合叶面积。

3. 观察玉米雌、雄穗分化过程及植株外部形态，填写表 4-5-2。

表 4-5-2 玉米雌穗、雄穗分化及植株特征

处理	株高/cm	节根/（条/层）						展叶/个	可见叶/个	总叶/个	雄穗		雌穗		叶龄指数
		1	2	3	4	5	6				分化时期	长度/mm	分化时期	长度/mm	

4. 玉米幼穗分化解剖观察，掌握显微数码摄像技术。

①观察幼穗分化时期；②摄像、测量幼穗长度（mm）并记录。

5. 玉米光合叶片叶绿素测定：3 号苗和 4 号苗最上展开叶（同叶位）。

6. 玉米植株光合叶片比叶重（mg/cm^2）测定：3 号苗和 4 号苗最上展开叶（同叶位）。

7. 玉米光合叶面积系数测定：3 号苗和 4 号苗，假设 5 000 株/亩，长×宽×系数（0.75～0.5），测定并计算玉米光合叶面积系数。

8. 根据考察测定结果，分析比较两个试验品种间差异，并提出适宜的栽培技术。

（赵悦）

4-6　作物光合与荧光的测定

一、实验目的

(1) 了解光合仪和荧光仪的测定原理。

(2) 掌握光合仪和荧光仪的使用方法。

二、内容说明

1. 光合仪

光合速率、蒸腾速率、光能利用效率是光合生理研究的重要指标。光合作用是唯一能把太阳能转化为稳定的化学能贮藏在有机物中，并长期保存的自然过程。光合速率、蒸腾速率、光能利用效率的测定在大田作物、园艺作物、牧草及林木等的生理研究中有着广泛的应用。光合作用的数量指标不仅为作物栽培与育种实践提供理论依据，同时对植物生理、生物化学及生态学的研究也有重要参考价值。测量光合作用，不仅可以获知植物的光合生理活性及光合机理情况，而且可以研究高等植物特别是农作物对光能的利用和转化效率，以及在各种环境胁迫（盐胁迫、干旱胁迫、冷胁迫和强光胁迫等）下的自我保护能力，探讨植物的抗逆性以及植物对生长环境的长期适应性。光合作用研究走过了近 300 年的历程，一直是生物学中最活跃的领域。20 世纪 10 年代以来，在国际上，从事光合作用研究的科学家曾多次获得诺贝尔奖（表 4-6-1）。

表 4-6-1　光合作用研究相关诺贝尔奖奖项

颁奖时间/年	诺贝尔奖得主	获奖研究内容
1915	威尔斯泰特（R. Willstater）（德国）	植物色素（叶绿素）的研究
1930	菲舍尔（德国）	叶绿素和血红素的性质及结构方面的研究
1961	卡尔文（美国）	发现了有关植物光合作用的“卡尔文循环”
1988	J·戴森霍弗、R·胡伯尔、H·米歇尔（德国）	分析了光合作用反应中心的三维结构

当前，国际上光合作用研究最突出的特点是多学科的交叉和渗透，并与开拓广阔和深远的应用前景相结合。

根据 $CO_2+2H_2O_*+469\ kJ \rightarrow (CH_2O)+O_{*2}+H_2O$（注：* 表示 O_2 的氧原子来源于反应物 H_2O 中的氧原子）反应式可知，测定任一反应物的消耗速率或产物的生成速率（包括物质的交换与能量的贮藏）都可以用来表示光合速率。常用的方法如下。

（1）根据有机物的积累，主要有半叶法和植物生长分析法。

（2）根据 CO_2 及 O_2 体积的变化，主要有微量定积检压法。

（3）根据 O_2 浓度的变化，主要有化学滴定法及氧电极法。

（4）根据 CO_2 浓度的变化，主要有酸度法、碱吸收法、^{14}C 标记法、红外气体分析法和微气象法。最常见的方法是红外气体分析法。

目前，进行光合生理研究用的光合仪主要有：美国 LI-COR 公司的 LI-6400 和 LI-6800 光合测定系统；英国 PPS、英国汉莎科学仪器公司的 CIRAS-3 光合作用测定系统；英国 ADC 公司的 LCpro-SD 全自动便携式光合仪；德国 WALZ 公司的 GFS-3000 便携式光合测量系统；美国 CID 公司的 CI-340 手持式光合作用测量系统。其中最为现代化的设备是美国 LI-COR 公司的 LI-6800 光合测定系统。

2. 荧光仪

作为光合作用研究的探针，叶绿素荧光得到了广泛的研究和应用。叶绿素荧光不仅能反映光能吸收、激发能量传递和光化学反应等光合作用的原初反应过程，而且与电子传递、质子梯度的建立及 ATP 合成和 CO_2 固定等过程有关。几乎所有光合作用过程的变化均可通过叶绿素荧光反映出来。荧光测定技术不需破碎细胞，不伤害生物体。因此，通过研究叶绿素荧光来间接研究光合作用的变化是一种简便、快捷、可靠的方法。目前，叶绿素荧光在光合作用、植物胁迫生理学、水生生物学、海洋学和遥感等方面得到广泛应用。

叶绿素荧光现象是 1834 年由传教士 Brewster 首次发现的。Stokes（1852）认识到这是一种光发射现象，命名为荧光，并使用了“fluorescence”一词。

1931 年，Kautsky 和 Hirsch 用肉眼观察并记录了叶绿素荧光诱导现象。他们将暗适应的叶子照光后，发现叶绿素荧光强度随时间而变化，并与 CO_2 的固定有关。他们得到的主要结论如下：

（1）叶绿素荧光强度迅速升高到最高点，然后下降，最终达到一稳定状态，整个过程在几分钟内完成。

（2）曲线的上升反映了光合作用的原初光化学反应不受温度（0℃和 30℃）和 HCN 处理的影响。若在曲线的最高点时关掉光源，荧光强度迅速下降。

（3）荧光强度的变化与 CO_2 的固定量呈相反的关系。荧光强度下降，则 CO_2 固定量增加。这说明当荧光强度降低时，较多的光能用于转变成化学能。

（4）叶绿素荧光有个奇怪的现象，照光后，CO_2 的固定有一个延滞期，似乎说明“光依赖”的过程对 CO_2 固定过程的进行是必需的。

另一个未得到解释的现象是：在荧光诱导结束后关掉光源，则荧光水平的恢复需要很长时间。

在 Kautsky 的发现之后，人们对叶绿素荧光诱导现象进行了广泛而深入的研究。逐步形成的光合作用荧光诱导理论，被广泛应用于光合作用研究。由于 Kautsky 的杰出贡献，叶绿素荧光诱导现象也被称为 Kautsky 效应（Kautsky effect）。

叶绿素荧光动力学有两个显著的特点：一是它可将植物发出的荧光分为性质上完全不同的两个部分——最小荧光（F_0）和可变荧光（F_v）。固定荧光是不参与 PSⅡ光化学反应的光能辐射部分；可变荧光是参与 PSⅡ光化学反应的光能辐射部分。根据可变荧光在总的最大荧光（$F_m = F_v + F_0$）中所占的比例（F_v/F_m），即可得出植物PSⅡ原初光能转换效率（最大光化学量子产量）。二是测定植物从暗中转到光下，植物的光合作用功能从休止钝化状态转为局部活化状态，直到全部正常运转状态过程中的荧光动态变化，因而包含十分丰富的光合信息。20世纪80年代初以来，人们在逐渐弄清植物体内叶绿素荧光动力学（也被称为Kautsky效应）与光合作用关系的基础上，发现叶绿素荧光对外界各种胁迫因子均十分敏感，因而有可能将它作为理想的鉴定植物各种抗逆性的指标。

在叶片光合作用研究中，利用光能的吸收、传递、耗散和分配等性质，开发了研究植物光合功能的快速、无损伤探针。该技术已逐渐在环境胁迫对植物光合作用影响研究方面得到应用。叶绿素荧光测定技术通常有调制和非调制两种。调制叶绿素荧光测定技术，是利用具有一定的调制频率和强度的光源诱导，采用饱和脉冲分析方法，使叶绿素荧光发射快速地处于某些特定状态，以进行相应荧光检测的技术。即其激发荧光的测量光具有一定的调制（开/关）频率，检测器只记录与测量光同频的荧光，因此，调制荧光仪允许测量所有生理状态下的荧光。打开一个持续时间很短（一般小于1 s）的强光光源，关闭所有的电子门（光合作用被暂时抑制），使叶绿素荧光强度达到最大。该技术方便野外观测之用。

目前，用于光合生理叶绿素荧光研究的仪器设备主要有：美国OPTI-sciences公司的便携式脉冲调制叶绿素荧光仪OS-5p+；美国OPTI-sciences公司的便携式调制荧光仪OS-1p；德国WALZ公司的超便携式调制叶绿素荧光仪MINI-PAM-Ⅱ；德国WALZ公司的便携式调制叶绿素荧光仪PAM-2100；德国WALZ公司的便携式调制叶绿素荧光仪PAM-2500；英国PPS、英国汉莎科学仪器公司的便携式调制叶绿素荧光仪X55/FMS-2；德国WALZ公司的多通道光合作用连续监测荧光仪MONITORING-PAM。综合设备有LI-6800、LI-6400、CIRAS-3、GFS-3000和LC Pro-SD。使用最多的是德国WALZ公司的设备。

三、实验原理

1. 红外线气体（CO_2）分析仪原理

红外线气体分析仪主要由6个部分组成：控制系统、光源、单色器、检测器、电子放大器和记录装置。红外线气体分析仪具有以下特点：

（1）灵敏度高，可测1.0 μmol/mL甚至0.1 μmol/mL的CO_2。

（2）反应速度快、响应时间短，可快速跟随CO_2浓度的变化测出CO_2浓度的瞬间变化。

（3）不破坏试验材料，可连续追踪观察测定。

（4）易实现自动化、智能化。

LI-6400系列光合仪是目前国内外应用最多、稳定性最好的便携式光合作用测量系统。它具有以下特点：①开路式系统，保证了叶室内外环境条件的一致与同步变化，同时保证了被测量叶片的环境因子的稳定；②CO_2/H_2O分析器位于传感器的头部，消除了气体交换测量的时滞；③可自动或手动控制叶室内部的环境条件（CO_2浓度、光照强度、相对湿度和温度等）；④具有多个自动测量程序。

测量参数：净光合速率（Photo）、蒸腾速率（Trmmol）、气孔导度（Cond）、胞间CO_2浓度（Ci）等生理指标及光响应曲线、CO_2响应曲线、光诱导曲线和光呼吸曲线。

2. 叶绿素荧光仪原理

叶绿素荧光仪包括7项组件：光主控单元、单色光源、光路（特制光纤）、叶夹、荧光检测器、电子放大器和记录装置。样品经充分暗适应后，所有的光系统Ⅱ反应中心处于开放态，此时得到的荧光称为最小荧光 F_0。当打开饱和脉冲后，光系统Ⅱ所有反应中心都处于关闭态，得到的荧光称为最大荧光 F_m。

测量参数：F_0、F_0'、F_m、F、F_m'、F_v/F_m、Y（Ⅱ）、qP、qL、qN、NPQ、Y（NPQ）、Y（NO）、rETR、PAR、叶温和相对湿度等，以及荧光 CO_2 响应曲线、荧光光响应曲线、荧光动力学曲线和荧光循环曲线等。

四、实验材料和设备

1. 实验材料

2个不同小麦品种的植株。

2. 实验设备

LI-6400 光合测定系统、PAM-2100 便携式调制叶绿素荧光仪。

五、实验步骤

1. LI-6400 光合测定系统

注意事项：信号线插头要插到位，连接处无缝隙。测量时显示“IRGA not ready”时，必须关机，检查探头各处是否接牢；一旦部分干燥剂颜色发红需要立即更换（2/3 化学管）；阳光下需将 LCD 显示屏遮盖，否则会影响其显示亮度；信号线尽量保持伸展，勿扭曲，否则易使接口不牢，线头从接口处滑出；叶片气孔需要先用超过测量光强的光来进行气孔诱导。

（1）仪器安装连接　正确连接仪器管、线，并连接好进气管缓冲瓶（注意样品室、参照室管路连接，样品室气管带黑圈；信号线连接插头、插座红色点标记要相对；除去外置光量子传感器红色盖帽）。

（2）开机　打开位于主机右侧的电源开关。

（3）显示　仪器在启动后将显示“Is the IRGA connected?（Y/N）”，选择 Y。

（4）叶室配置选择

选择目前安装的叶室配置，如果安装的是 LED 人工光源叶室，选择“**** LED”或“*** 02B”，按 Enter 键。

其他叶室方法相同，只需要选择安装叶室对应标记就可以。

（5）调零　向 SCRUB 方向拧紧碱石灰管和干燥管上端的螺母。关闭叶室（压下黑色手柄）并旋紧固定螺丝。

在主菜单按 F3 按钮，选“Calib Menu”项。

①选“Flow Meter Zero”项（流量计设置为零），按 Enter 键。

等待流速的电压读数基本稳定（约 15 min），用 F1、F2 上下调节，至读数基本稳定，且在 −0.5～+0.5 范围内，按 F3 按钮（OK）退出。

②选“IRGA Zero”（红外线气体分析仪调零），按 Enter 键，按“Y”，再按任意键。

等待 CO_2 浓度和 H_2O 浓度下降至读数基本稳定（CO_2 _ R 和 CO_2 _ S 波动范围在 ±0.1，

H_2O _ R 和 H_2O _ S 波动范围在±0.01）（一般在 5 min 左右），若 CO_2 _ R 和 CO_2 _ S 显示±5 μmol/mol 内，H_2O _ R 和 H_2O _ S 显示±0.3 μmol/mol 内，且下降速度很慢，按 F3(Auto All) 进行自动调节，结束按 F5（Exit）退出。然而，如果在 1 min 之内数值下降到负数，就需要等待 10～20 min 至系统完全达到零点，进行重新调零。调零后，CO_2 应在 0.1 μmol/mol 之内，而 H_2O 应在 0.01 mmol/mol 以内。

③选“View Store Zeros Spans”，按 Enter 后按 F1“Store”来保存；按“Y”、按“Enter”后按 F5（Exit）退出。

④选择“ _ CO_2 Mixer _ Calibrate”（二氧化碳匹配）（使用二氧化碳注入系统时须作）。

⑤选“PAR IN”（内部光源调零）。

⑥选“Light Source Calibration Menu”（人工光源匹配）。

按“Escape”，回到主菜单。

（6）测量　按 F4“New Measurements”菜单进入测量菜单。

①向 Bypass 方向拧紧碱石灰管和干燥管上的螺母（注意：此法不使用 CO_2 注入系统，即不使用钢瓶）。

②建立新文件，按 F1“Open　Logfile”项，输入文件名和标记（例如要测的植株处理名称及编号）。

输入自己设定的文件名，按“Enter”键。当显示屏出现提示“Enter Remark”时，可以输入需要的标记（英文，用于标记样地、植物种类和样品号等），记录号（如 1-1-1）。按“Enter”键，文件设置结束。F1 记数为 0。

③设置参数：

按数字“2”键，视具体天气情况而定，设置流量，按 F2“Flow”（通常为 400 或 500）。

设置温度按 F4“Temp”。

设置光强按 F5“Lamp（PAR）”。

定义叶面积按 3 键，按 F1“Area”（如叶面过窄而不能充满叶室）。

④匹配参比室和样品室“Match”。

如果 $\Delta CO_2 > 0.5$（通常，正常值可以 < 0.3），就需要匹配。参考：CO_2 读数在环境大气浓度状态下为 400 左右，H_2O 读数为 5～20（视具体天气情况而定）；选取按数字“1”键 按 F5“Match”；待读数稳定、样品室和参考室的数值稳定时，且两室的数值之差在 0.5 以内，按 F5“Match”

注：$\Delta CO_2 = CO_2S - CO_2R$（即样本－参比）。

⑤打开叶室，夹入样品，进行测定，用 Log 键或 F1 记录数据。

继续测量另一张叶片时，按数字“1”键，按 F4“Add Remark”来增加一个记录号（如 1-1-2）。

2. PAM-2100 便携式调制叶绿素荧光仪

注意事项：光纤不能窝成直角；机器不使用时，要充满电放置；使用前后清点暗适应叶夹数目；对照处理 F_v/F_m 控制在 0.8 左右。

（1）测定准备　用暗适应叶夹把叶片夹住，暗适应 15～20 min。

（2）连接仪器　光纤的一端通过位于仪器侧面板的三孔光纤连接器连接到主控单元。

(3) 仪器设置

①按住“POWER ON”开关 2 s 左右，打开仪器。

②进入总界面。按“Com”键，然后进行模式选择（用上“△”下“▽”左“＜”右“＞”键移动光标），选择“mode selection”，然后选择“sat. pulse mode”。

③按“com”键，然后选“standard settings”（用上下左右键选择）。

④按“Shift+F_m”，测“F_0'”（此操作后，在第一排最后一个指标“FarRed”上会出现“*”）。

⑤将探头插入到夹子上，将夹子上的开关打开，按键盘上的“Z”键（或主机上的“Shift Enter”键），看“F_0”读数是否在 200～400 之间。若数值出入很大，移动光标至“Gain”，（用“+”键、“-”键）调到“F_0”读数为 200～400 之间。若数值出入还很大，调不到此范围，可再将光标移至“Int”健，（用“+”键、“-”键）调至“F_0”读数为 200～400。

⑥移动光标至“RUN”，（用“+”键、“-”键）调为“RUN2”，按“Enter”键或“Run”键进行测定。

⑦运行完毕后，“RUN”显示将会由黑变白，然后按“Edit”键（主机左侧第二键），用上下键翻页，然后记录数据（F_0、F_v/F_m、F_m）。

六、结果统计与分析

1. 根据 LI-6400 光合测定系统实验数据，填表 4-6-2 和表 4-6-3。

表 4-6-2　小麦不同品种灌浆期光合参数比较（小麦旗叶叶片中部）

项目	品种 1						品种 2					
株数	1	2	3	4	5		1	2	3	4	5	
Photo												
Cond												
Ci												
Trmmol												

表 4-6-3　小麦灌浆期单株不同叶片光合特性比较（小麦单株全叶片中部）

项目	品种 1 Photo						品种 2 Photo					
叶片数	1	2	3	4	5		1	2	3	4	5	
第一株												
第二株												
第三株												

2. 根据 PAM-2100 便携式调制叶绿素荧光仪实验数据，填表 4-6-4。

表 4-6-4　小麦灌浆期单株不同叶片叶绿素荧光参数比较

<table>
<tr><th colspan="3">小麦全株叶</th><th>F_0</th><th>F_m</th><th>F_v</th><th>T_m</th><th>F_v/F_m</th><th>备注</th></tr>
<tr><td rowspan="17">品种1</td><td rowspan="5">第一株</td><td>1叶</td><td></td><td></td><td></td><td></td><td></td><td></td></tr>
<tr><td>2叶</td><td></td><td></td><td></td><td></td><td></td><td></td></tr>
<tr><td>3叶</td><td></td><td></td><td></td><td></td><td></td><td></td></tr>
<tr><td>4叶</td><td></td><td></td><td></td><td></td><td></td><td></td></tr>
<tr><td>5叶</td><td></td><td></td><td></td><td></td><td></td><td></td></tr>
<tr><td colspan="8"></td></tr>
<tr><td rowspan="5">第二株</td><td>1叶</td><td></td><td></td><td></td><td></td><td></td><td></td></tr>
<tr><td>2叶</td><td></td><td></td><td></td><td></td><td></td><td></td></tr>
<tr><td>3叶</td><td></td><td></td><td></td><td></td><td></td><td></td></tr>
<tr><td>4叶</td><td></td><td></td><td></td><td></td><td></td><td></td></tr>
<tr><td>5叶</td><td></td><td></td><td></td><td></td><td></td><td></td></tr>
<tr><td colspan="8"></td></tr>
<tr><td rowspan="5">第三株</td><td>1叶</td><td></td><td></td><td></td><td></td><td></td><td></td></tr>
<tr><td>2叶</td><td></td><td></td><td></td><td></td><td></td><td></td></tr>
<tr><td>3叶</td><td></td><td></td><td></td><td></td><td></td><td></td></tr>
<tr><td>4叶</td><td></td><td></td><td></td><td></td><td></td><td></td></tr>
<tr><td>5叶</td><td></td><td></td><td></td><td></td><td></td><td></td></tr>
<tr><td rowspan="17">品种2</td><td rowspan="5">第一株</td><td>1叶</td><td></td><td></td><td></td><td></td><td></td><td></td></tr>
<tr><td>2叶</td><td></td><td></td><td></td><td></td><td></td><td></td></tr>
<tr><td>3叶</td><td></td><td></td><td></td><td></td><td></td><td></td></tr>
<tr><td>4叶</td><td></td><td></td><td></td><td></td><td></td><td></td></tr>
<tr><td>5叶</td><td></td><td></td><td></td><td></td><td></td><td></td></tr>
<tr><td colspan="8"></td></tr>
<tr><td rowspan="5">第二株</td><td>1叶</td><td></td><td></td><td></td><td></td><td></td><td></td></tr>
<tr><td>2叶</td><td></td><td></td><td></td><td></td><td></td><td></td></tr>
<tr><td>3叶</td><td></td><td></td><td></td><td></td><td></td><td></td></tr>
<tr><td>4叶</td><td></td><td></td><td></td><td></td><td></td><td></td></tr>
<tr><td>5叶</td><td></td><td></td><td></td><td></td><td></td><td></td></tr>
<tr><td colspan="8"></td></tr>
<tr><td rowspan="5">第三株</td><td>1叶</td><td></td><td></td><td></td><td></td><td></td><td></td></tr>
<tr><td>2叶</td><td></td><td></td><td></td><td></td><td></td><td></td></tr>
<tr><td>3叶</td><td></td><td></td><td></td><td></td><td></td><td></td></tr>
<tr><td>4叶</td><td></td><td></td><td></td><td></td><td></td><td></td></tr>
<tr><td>5叶</td><td></td><td></td><td></td><td></td><td></td><td></td></tr>
</table>

七、思考题

1. 为什么说北京地区光合测定的时间段最好在 9 时到 13 时之间？
2. 测定植物光能利用效率为什么要暗适应？暗适应的参考时间多长？
3. 光合及荧光数据应用于哪些科研实验？

（闫建河）

4-7　作物冠层信息的数字化采集

一、实验目的

（1）掌握冠层分析仪和叶绿素计的测定原理。

（2）掌握冠层分析仪和叶绿素计的使用方法。

二、内容说明

1. 冠层分析仪

叶面积指数（LAI）是一个重要的生态系统结构参数，是指单位土地面积上植物叶片总面积占土地面积的比例。叶面积指数不仅直接反映植物的生长状况，而且反映作物的许多生物、物理过程，如光合作用、呼吸作用、蒸腾作用、碳氮循环和降水截获等。

作物的产量是作物群体的产量，是由许多个体产出量聚集在一起形成的群体产出量。不同群体内的小环境如光、温、湿、气以及土壤条件会发生很大的变化，这种群体内环境的变化，强烈地影响各个个体的生长发育和产量，反过来又影响群体的发展和产量。群体发展最终结果的好坏和群体结构是否合理有直接的关系。作物群体结构的好坏主要从群体的组成、大小、分布、长相及动态变化等几个方面来评价。作物群体光能分布与群体大小、群体分布等关系密切，进而也就影响整个群体的光合速率和光能利用率，是衡量作物群体的一个重要指标。植被冠层叶片的数量可通过测量光线透过冠层时的衰减程度来推导。从不同的角度来测量这种衰减程度，也可得到叶片着生角度的信息。

叶面积指数测量方法包括直接测量法和间接测量法。

（1）直接测量法　先测定所有叶片的叶面积，再计算叶面积指数。叶面积测量方法有求积仪测定法、标准形状法、称重法、方格计算法、排水法、经验公式计算法和异速生长法等。其中常用的有利用叶片形状的标准形状法、根据叶面积与叶重之间关系的称重法、利用叶面积与胸径的回归关系推算叶面积的异速生长法。直接测量法要剪下全部待测叶片，多数属于毁坏性测量，或至少会干扰冠层和叶片角度的分布，从而影响数据的质量。直接测量法还费时、费力。

（2）间接测量法　利用冠层结构和冠层内辐射与环境相互作用的可定量耦合关系，测定辐射的相关数据推断冠层的结构特征，具体有顶视法和底视法。间接测量法可以避免直接测量法所造成的大规模破坏植被的缺点，具有不受时间限制、获取数据量大、仪器容易操作和方便快捷等特点；还可以测定一年中冠层叶面积指数的季节变化。

目前，冠层分析研究所用仪器设备主要有：美国 LI-COR 公司的 LAI-2000 植物冠层分析仪及其升级版 LAI-2200C 植物冠层分析仪；美国 Decagon 公司的 AccuPAR 植物冠层分析仪；英国 DELTA-T 公司的 SunScan 植物冠层分析仪；美国 CID 公司的 CI-110 植物冠层数字图像分析仪；国产叶面积指数检测仪 TRAC-Ⅱ。目前普遍使用的是美国 LI-COR 公司的 LAI-2000 植物冠层分析仪及其升级版 LAI-2200C 植物冠层分析仪。

2. 叶绿素计

叶绿素是植物叶片的重要光合色素。叶绿素含量（SPAD）是植物光合作用和氮素营养研究中的重要指标。植物叶片中的叶绿素含量反映植物本身的生长状况。长势良好的植物的叶片会含有更多的叶绿素。叶绿素的含量与叶片中氮的含量有密切的关系，因而叶绿素测量值还能反映植物真实的氮素需求量。测定植物叶片叶绿素含量可指导合理施加氮肥，提高氮的利用率，并可保护环境（防止施加过多的氮肥而使环境特别是水源受到污染）。

叶绿素含量测定方法主要有分光光度计法、叶绿素含量测定仪和光谱分析仪测定法。

（1）分光光度计法是叶绿素 a、叶绿素 b 及叶绿素总量的标准测定方法。

（2）叶绿素测定仪和光谱分析仪测得的是叶绿素相对含量，不是真正的叶绿素含量。与分光光度计法相比，叶绿素测定仪和光谱分析仪测定法具有不需要试剂、测定程序简单、不破坏植株叶片、可连续定点观察等特点，广泛应用于植物生理生态研究，并应用于分光光度计法测量困难的小叶片或样品的叶绿素含量的测量。

目前，叶绿素研究所用叶绿素计型号主要有：日本柯尼卡美能达的叶绿素测定仪 SPAD-502Plus；美国 OPTI-sciences 的叶绿素含量测量仪 CCM-300；郑州南北仪器设备有限公司的植物光谱分析仪 TOP-1100。目前，在研究中普遍使用的是日本柯尼卡美能达的叶绿素测定仪 SPAD-502Plus。

三、实验原理

1. 冠层分析仪

冠层分析仪应用了冠层孔隙率与冠层结构相关的原理，根据光线穿过介质减弱的比尔定律，在对植物冠层定义了一系列假设前提的条件下，采用半理论半经验的公式，通过冠层孔隙率的测定，计算出冠层结构参数。

LAI-2200C 测定的是 5 个不同天顶角方向的散射天空辐射衰减。LAI-2200C 光学传感器能够将近乎半球视角上的图像，投射到 5 个同心圆排列的检测器上。当光线透过植物冠层时，受叶片和枝干的阻挡，辐射强度会迅速消减。5 个同心圆排列的检测器接收不同能量，通过冠层上和冠层下能量消减程度，利用植被冠层的辐射转移模型计算可推出植物的叶面积指数（LAI）。一个正常的 LAI-2200C 的测定结果包括 5 个冠层上的检测器读值和 5 个冠层下检测器读值。冠层上下测定时，传感器均要处于水平向上的位置。根据 5 个角度的对应冠层上下测定值，计算出冠层的透光度。

测量参数：叶面积指数（LAI）、冠层下可见天空比例（DIFN）、平均倾斜角度（MTA）。

2. 叶绿素计

叶绿素计根据叶绿体色素对可见光谱的吸收和能量衰减计算近似反映叶绿素相对含量。

SPAD-502Plus 通过测量叶片对两个波长段里的吸收率，来评估当前叶片中叶绿素的相对含量。叶绿素在蓝色区域（400～500 nm）和红色区域（600～700 nm）范围内吸收达到了峰值，但在近红外区域却没有吸收。利用叶绿素的这种吸收特性，测量叶片在红色区域和近红外区域的吸收率。通过这两部分区域的吸收率，计算出 SPAD 值。SPAD 值是用数字来表示实时叶片中叶绿素含量的参数。

测量参数：SPAD 值。

四、实验材料和设备

1. 实验材料

2 个不同小麦品种的植株。

2. 实验设备

植物冠层分析仪 LAI-2200C、叶绿素计 SPAD-502Plus。

五、实验步骤

1. 植物冠层分析仪 LAI-2200C

注意事项：避免突然撞击或剧烈震动，保持透镜外部洁净及无划痕。

①将电池装入主机和光学传感器，连接仪器。将 LAI-2200C 连接到主机的 X 通道。可连接辐射传感器，但必须将对应校准值输入主机。

②按“开机”，等待屏幕进入实时显示界面。

③将 LAI-2200C“鱼眼”镜头上的全遮盖帽取下，通过按四个方向键，在实时显示界面检查 X1、X2、X3、X4 和 X5 五个天顶角检测器有无响应（查看有无数值显示），若五个天顶角检测器有数值响应，说明连接正确，可以开始测定。

④设定时间。按上下键选择目录，按“OK”确定。按“Menu”进入主菜单，主机时间设定步骤：Menu→Console Setup→Set Time→OK 。

⑤标记设置。具体操作：Menu→Log Setup→Prompts，Prompt1＝what；Prompt2＝where→OK。

⑥记录设置（分两种情况：手动顺序操作和控制顺序操作）。控制顺序操作：Menu→Log Setup→Controlled Sequence→Use＝Yes，该设置下，A 值与 B 值自动切换，设定重复次数（1～41 次）。设定操作顺序，数字 2 代表 A；数字 8 代表 B。若设定 ABBBBBB，需要输入 2888888，最后点击“OK”，将设定应用于文件。手动顺序操作：Menu→Log Setup→Controlled Sequence→Use＝No，在该设置下，按光学传感器上的开机键来切换 A 值和 B 值的测定，按“exit”键退出。

⑦开始测定。先选择合适的遮盖帽，再按“start/stop”建立一个文件夹，然后选择“NewFile”，命名（最多输入 8 个字符）。添加两个提示，如 Prompt1＝grass；Prompt2＝Beijing；再按“OK”进入记录模式。

⑧记录数据。确保光学传感器探头放置水平，按主机上的“Log”键或光学传感器上的键均可记录数据。

测量时注意，不管是手动顺序操作还是控制顺序操作，记录时先查看记录模式上字母“X”后的值，若显示的是字母 A 或光学传感器灯亮，要在冠层上方测量；若显示字母 B

或光学传感器灯灭，要在冠层下方测量。

2. 叶绿素计 SPAD-502Plus

注意事项：叶片要覆盖包括测量孔的黑色区域，防止漏光；叶片不得超过叶夹里的金属突起；仪器所测出数值是反映叶片叶绿素相对含量的 SPAD 值。仪器测定结果适用于一个品种不同处理之间的比较。

①将绿色开关拨向“ON”，仪器显示“CAL IBRATION”。

②按下前面测量头，仪器显示“———”，表示仪器校正完成。

③夹叶片，按下前面测量头。仪器显示数字即是叶片的 SPAD 值。可连续测定。

④按“AVERAGE”，显示连续测定的平均数。

⑤按“DATA RECALL”，可选择连续测定值中的任一个数值。

⑥按“1 DATA DELETE”，可删除显示的一个数据。再按“AVERAGE”，显示删除了一个数据后的平均数。

⑦按“ALL DATA CLEAR”，删除全部数据。

⑧测定结束，关闭电源开关。

六、结果统计与分析

将实验测定数据整理后填写表 4-7-1 至表 4-7-3。

表 4-7-1　LAI-2200C 植物冠层分析仪实验数据

小麦		叶面积指数（LAI）	LAI 的标准误（SEL）	测量无截取散射（DIFN）	平均倾斜角（MTA）	MTA 的标准误（SEM）
品种1	1					
	2					
	3					
	4					
	5					
品种2	1					
	2					
	3					
	4					
	5					

表 4-7-2　小麦叶片 SPAD 值在叶片部位分布

小麦第一展开叶		第一株	第二株	第三株	第四株	第五株	……
品种1	距叶尖部 2 cm						
	叶中部						
	距叶基部 2 cm						
品种2	距叶尖部 2 cm						
	叶中部						
	距叶基部 2 cm						

表 4-7-3　小麦不同叶位叶片 SPAD 值变化

小麦叶中部		第一叶	第二叶	第三叶	第四叶	第五叶	……
品种1	第 1 株						
	第 2 株						
	第 3 株						
品种2	第 1 株						
	第 2 株						
	第 3 株						

七、思考题

叶面积指数（LAI）及 SPAD 值数据应用于哪些科研实验及对生产与环境保护的指导作用是什么?

（闫建河）

4-8　植物生长调节剂的效应评价

一、实验目的

(1) 明确植物生长调节剂麦巨金对小麦防倒伏的应用效果；掌握调节剂田间施用效应评价方法。

(2) 了解赤霉素活性的生物测定方法及室内评价方法。

二、内容说明

1. 植物生长调节物质的基本概念

(1) 植物激素（plant hormone）　植物激素是指植物体内代谢产生的、能运输到植物其他部位起作用的、在很低浓度就有明显调节植物生长发育效应的化学物质。

(2) 植物生长调节剂（plant growth regulator）　植物生长调节剂是指人工合成的、低浓度即可影响植物内源激素合成、运输、代谢及作用，调节植物生长发育的化学物质。

(3) 植物生长物质（plant growth substance）　植物生长物质泛指对植物生长发育有调控作用的内源的和人工合成的化学物质。

2. 植物激素的分类、生理作用及生产应用

传统的植物激素有生长素、细胞分裂素、赤霉素、脱落酸和乙烯。植物激素是微量的有机分子，对植物的生长、发育、衰老、休眠和抗逆性具有极其重要的作用。

(1) 生长素类（auxin/IAAs）的生理作用及应用

IAAs 的生理作用：①促进茎的伸长生长。低浓度的生长素促进生长，高浓度的生长素抑制生长。不同器官对生长素的敏感程度不同。②维持顶端优势。③促进侧根、不定根和根瘤的形成。④促进瓜类多开雌花，促进单性结实，促进种子和果实的生长。⑤低浓度的 IAA 促进韧皮部的分化，高浓度的 IAA 促进木质部的分化。

IAAs 的生产应用：①促进插枝生根；②阻止器官脱落；③促进单性结实；④促进菠萝开花；⑤促进雌花形成。

(2) 赤霉素类（gibberellin/GAs）的生理作用及应用

GAs 的生理作用：①促进茎的伸长；②诱导禾谷类作物种子 α-淀粉酶合成；③诱导某些植物开花，代替低温或长日照；④促进葫芦科植物多开雄花；⑤促进单性结实；⑥促进发芽。

GAs 的生产应用：①促进麦芽糖化，用于啤酒生产；②促进茎叶生长，用于花卉、蔬菜抽薹、水稻三系制种等；③防止花、果脱落；④打破休眠（马铃薯）；⑤促进单性结实（葡萄）；⑥促进雄花的分化。

(3) 细胞分裂素类（cytokinin/CTKs）的生理作用及应用

CTKs 的生理作用：①促进细胞分裂和扩大。②诱导芽的分化。在组织培养中，愈伤组织产生根或芽，取决于 CTK / IAA 的值（CTK/IAA 值小，诱导根的分化；CTK/IAA 值居中，愈伤组织只生长不分化；CTK/IAA 值高，诱导芽的分化）。③延缓叶片衰老。④促进侧芽发育，消除顶端优势。

CTKs 的生产应用：延长番茄的保鲜期。

(4) 脱落酸（abscisic acid/ABA）的生理作用及应用

ABA 的生理作用：①促进脱落；②促进休眠；③促进气孔关闭；④提高抗逆性。

ABA 的生产应用：①脱落酸抑制种子发芽，用于种子储藏；②脱落酸促进种子、果实的贮藏物质，特别是贮藏蛋白和糖分的积累；③脱落酸能够增强植物抗寒、抗冻的能力；④脱落酸可以提高植物的抗旱、耐盐能力；⑤外施脱落酸能抑制小麦等作物茎秆伸长，并增加穗重，可抗作物倒伏；⑥低浓度脱落酸能促进不定根的形成与再分化，在组织培养中有广阔的应用前景。

(5) 乙烯（ethylene/Eth）的生理作用及应用

Eth 的生理作用：①促进细胞扩大，抑制伸长生长。黄化豌豆幼苗上胚轴对乙烯的生长表现“三重反应”（抑制伸长生长、促进增粗生长和偏上生长）。②促进果实成熟。③促进器官脱落。④促进瓜类多开雌花。⑤促进菠萝开花。

Eth 的生产应用：①促进果实成熟，改善果实品质；②促进次生物质排出；③促进雌花形成。

除了上述五大类植物激素以外，近年来，发现植物体还存在其他天然生长物质，如油菜素内酯、独脚金内酯、多胺、茉莉酸和水杨酸。这些物质对植物的生长发育有促进或抑制作用。新公认的激素包括油菜素内酯、独脚金内酯、水杨酸和茉莉酸等。

3. 作物化学控制技术基本概念及应用

(1) 作物化学控制技术　作物化学控制技术是指应用植物生长调节物质，影响植物内源激素系统，调节作物的生长发育过程，使其朝着人们预期的方向和程度变化的技术。

(2) 作物化学控制栽培工程　作物化学控制栽培工程是指采用对作物内部信息系统和外部环境的“双重调控”，更有效地控制作物的生长发育过程，使作物栽培接近有目标设计、可控制生产流程的工业工程。

4. 植物生长调节剂的分类及特点

植物生长调节剂可根据与五大激素作用的相似性分类；根据对植物茎尖的作用方式分类（植物生长促进剂、植物生长延缓剂、植物生长抑制剂）；根据实际应用效果分类；根据调节剂的来源分类；根据调节剂的化学结构分类。

不同植物生长调节剂对同一作物的作用效果不同（二维码 4-8-1 至二维码 4-8-3）；相同植物生长调节剂对不同作物/品种的作用效果不同（表 4-8-1 和表 4-8-2）。

二维码 4-8-1
小麦系统化
控技术

二维码 4-8-2
棉花系统化
控技术

二维码 4-8-3
延缓剂降低玉
米株高和穗位

表 4-8-1　不同延缓剂使小麦株高降低 50%所需浓度　mol/L

延缓剂	浓度	延缓剂	浓度
B_9	7.3×10^{-3}	氯化磷	4.5×10^{-4}
CCC	3.5×10^{-3}	LBB1176682	1.7×10^{-4}
缩节胺（DPC）	6.3×10^{-2}	醇草呤	3.0×10^{-5}
Amo-1618	1.0×10^{-2}	BSA 106 W	2.8×10^{-5}

表 4-8-2　缩节胺和多效唑抑制作物茎伸长的适宜质量浓度　mg/L

作物	缩节胺（DPC）质量浓度	多效唑（MET）质量浓度
棉花	100～200	1.0～10
花生	500～1 000	20～100
玉米	＞1 500	100～200
小麦	＞1 000	100～200

三、实验原理

1. 麦巨金防小麦倒伏原理

麦巨金能调节和控制小麦的生长发育，使小麦根系发达、节间缩短、植株健壮。在小麦起身拔节期使用麦巨金能有效抑制基部三节间伸长，从而大大增强小麦的抗倒伏能力。此外，麦巨金可增强小麦植株的光合作用，在小麦生长中后期，促进生殖生长，全面改善产量构成因素，同时促进茎叶中的干物质向籽粒运输，提高小麦的产量。

2. 赤霉素调控水稻茎叶伸长原理

赤霉素（GA）的重要作用之一是促进茎叶伸长。水稻幼苗叶鞘的伸长对 GA 敏感。

四、实验材料、仪器设备、处理设置及调查方法

1. 实验材料

(1) 供试作物　小麦（品种：薛早、TAM107）、水稻。

(2) 供试药剂　麦巨金（20%甲哌鎓-0.8%烯效唑）；不同剂量的 GA3 溶液。

2. 实验仪器设备

喷壶、量筒、烧杯、微量移液器、微量注射器、直尺、光照培养箱和电子天平等。

3. 实验处理设置

(1) 在小麦起身拔节期，叶片喷施麦巨金，喷施剂量设置为 90 mL/亩、150 mL/亩和清水。

(2) 在水稻第一片完整叶顶端、从第一片不完整叶伸出约 2 mm 时（此时幼苗高约 1 cm)，在胚芽鞘与第一叶之间点滴 2 μL 系列质量浓度 GA3 药液，质量浓度分别设置为 0 mg/L、0.1 mg/L、1.0 mg/L、10 mg/L、100 mg/L、1 000 mg/L 和 2 个待测浓度。

4. 实验调查方法

(1) 麦巨金处理 60 d 后，调查小麦生长状况。取 20 株小麦样本分别测量株高、节间长度和穗长；取 0.3 m^2 的小麦统计穗数和穗粒数；计算成穗率、千粒重；计算理论产量。理论产量计算公式如下：

理论产量（kg/亩）＝每亩穗数×穗粒数×千粒重（g）$\times 0.85 \times 10^{-6}$

(2) GA3 处理水稻 5 d 后，用直尺测量处理幼苗的第 2 叶叶鞘长度。以叶鞘长度为纵坐标，赤霉素质量浓度（或其对数）为横坐标作图，画出标准曲线。将未知样品培养的稻苗第 2 叶叶鞘长度与标准曲线相比，可大体确定未知样品 GA3 的质量浓度或效价（图 4-8-1)。

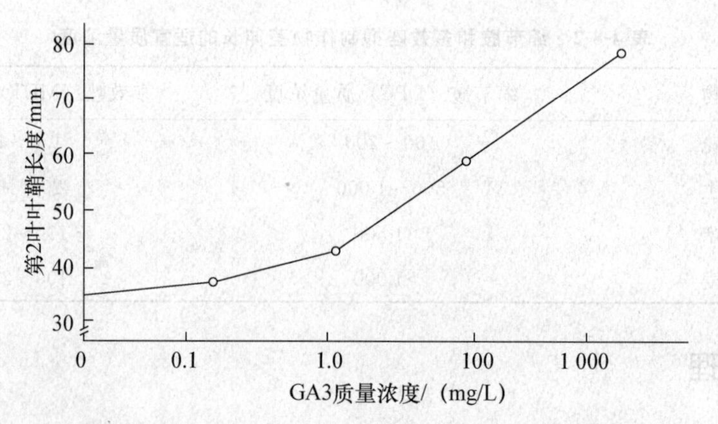

图 4-8-1 水稻第 2 叶叶鞘长度与 GA3 质量浓度关系曲线

五、实验步骤

1. 麦巨金喷施小麦幼苗

(1) 不同剂量麦巨金药液配制。

(2) 小麦幼苗叶片喷施麦巨金。

(3) 取样调查小麦株高和产量指标，计算理论产量。

(4) 汇总整理实验结果，分析实验数据。

2. 赤霉素点滴处理水稻幼苗

(1) 水稻播种催芽。

(2) 不同质量浓度 GA3 药液配制。

(3) 用 GA3 对水稻进行处理。

(4) 调查水稻第二叶叶鞘生长情况。

(5) 计算待测赤霉素药液质量浓度。

六、结果观察与分析

1. 调查不同剂量麦巨金施用对小麦株高和产量的影响，完成表 4-8-3 和表 4-8-4 的内容，并分析其原因。

表 4-8-3　喷施麦巨金对小麦节间长度和株高的影响

品种	麦巨金喷施剂量/（mL/亩）	生理指标	
		节间长/cm	株高/cm
薛早	0（清水）		
	90		
	150		
TAM107	0（清水）		
	90		
	150		

表 4-8-4　喷施麦巨金对小麦产量指标的影响

品种	麦巨金喷施剂量/（mL/亩）	产量指标				
		每亩穗数	穗粒数	千粒重/g	成穗率	单位产量/（kg/亩）
薛早	0（清水）					
	90					
	150					
TAM107	0（清水）					
	90					
	150					

2. 调查不同质量浓度的 GA3 对水稻第二叶叶鞘伸长的影响，完成表 4-8-5 的内容，计算待测 GA3 的质量浓度。

表 4-8-5　不同质量浓度的 GA3 对水稻叶鞘伸长的影响

测量指标	处理质量浓度/（mg/L）							
	0	0.1	1.0	10	100	1 000	X_1	X_2
第二叶叶鞘长度/mm								

（李芳军）

4-9 除草剂类型识别与效应观察

一、实验目的

（1）明确不同类型除草剂田间除草效应及原理。

（2）掌握除草剂田间使用和除草效果田间调查方法。

二、内容说明

1. 杂草类型

杂草主要可分为禾本科杂草、莎草科杂草以及阔叶杂草等类型。

2. 除草剂类型

（1）根据作用方式分类

选择性除草剂：除草剂对不同的植物有选择性，有的除草剂能杀死某些杂草，而对另一种杂草无效；有的除草剂对某些作物安全，但对另一些作物有伤害。这类除草剂称为选择性除草剂。

灭生性除草剂：对植物缺乏选择性的除草剂，称为灭生性除草剂。

（2）根据在植物体内移动情况分类

触杀型除草剂：药剂与杂草接触时，只杀死与药剂接触的部分，起到局部的杀伤作用。药剂在植物体内不能传导。

内吸传导型除草剂：药剂被根系或叶片、芽鞘或茎部吸收后，传导到植物体内，使植物死亡。

（3）根据化学成分分类

无机除草剂：由天然矿物原料组成，不含有碳素的化合物。

有机除草剂：主要由苯、醇、脂肪酸、有机胺等有机化合物合成。

生物除草剂：是指用微生物或其他代谢产物制成的除草剂。

（4）按施用方式分类　除草剂可分为茎叶处理剂、土壤处理剂、茎叶与土壤混合处理剂。

3. 田间常用除草剂

主要有百草枯、草甘膦、乙草胺、莠去津。百草枯在我国已被禁用。

4. 除草剂药害产生原因

除草剂药害产生原因主要有：①化学除草剂误用；②施药器械状态不良；③作业不标

准；④用药量过大；⑤使用期不当；⑥雾滴挥发与飘移；⑦混用不当；⑧品种的耐药性差；⑨异常不良的环境条件。

5. 缓解除草剂药害的方法

缓解除草剂药害的方法主要有：①中耕施肥浇水；②化学缓解；③物理割除。

三、实验原理

1. 草甘膦除草原理

草甘膦除草剂由美国孟山都公司开发生产，到20世纪80年代已成为世界除草剂重要品种。该药剂为内吸传导型广谱灭生性有机磷类除草剂，主要抑制植物体内烯醇丙酮基莽草素磷酸合成酶，从而抑制莽草素向苯丙氨酸、酪氨酸及色氨酸的转化，使蛋白质的合成受到干扰，导致植物死亡。植物绿色部分均能很好地吸收草甘膦，但以叶片吸收为主。通过叶片吸收的药剂从韧皮部很快传导，24 h内大部分转移到地下根和地下茎。杂草中毒症状表现较慢。1年生杂草一般3～4 d后开始出现症状，15～20 d全株枯死；多年生杂草3～7 d后开始出现症状，地上部叶片先逐渐枯黄，继而变褐，最后倒伏，地下部分腐烂，一般30 d左右地上部分基本干枯。植株枯死时间与施药量和气温有关。此药剂接触土壤即失去活性，对土壤中潜藏的种子无杀伤作用。

2. 乙草胺除草原理

乙草胺是选择性芽前处理的除草剂，主要通过单子叶植物的胚芽鞘或双子叶植物的下胚轴吸收并向上传导。乙草胺主要阻碍蛋白质合成而抑制细胞生长，使杂草幼芽、幼根生长停止，进而死亡。禾本科杂草吸收乙草胺的能力比阔叶杂草强，所以防除禾本科杂草的效果优于阔叶杂草。乙草胺在土壤中的持效期为45 d左右。乙草胺主要通过微生物降解，在土壤中的移动性小，主要保持在0～3 cm土层中。

3. 莠去津除草原理

莠去津是一种三嗪类除草剂，又名阿特拉津。莠去津是一种芽前土壤处理除草剂，也可用于芽后茎叶处理。植物根部吸收莠去津并向上传导，可抑制植物的光合作用，使植物枯死。莠去津的杀草谱较广，可防除多种一年生禾本科和阔叶杂草。通常加工成可湿性粉剂和悬浮剂使用，适用于玉米、高粱、甘蔗等旱田作物除草，尤其对玉米有较好的选择性(因玉米体内有解毒机制)。

四、实验材料、仪器设备、处理设置及方法

1. 实验材料

(1) 供试除草剂　旱稻专用型除草剂、莠去津、乙草胺和草甘膦。

(2) 供试杂草　旱稻、玉米和大豆播后田间杂草和使用草甘膦处理的田间杂草。

2. 实验仪器设备

1 L喷壶、1 L量筒、微量移液器、电子天平等。

3. 实验处理设置

对供选除草剂设置推荐剂量，即设置高、中、低剂量和对照处理。

(1) 玉米播后除草

莠去津：500 mL/亩、250 mL/亩、100 mL/亩；清水。

(2) 大豆播后除草

乙草胺：200 mL/亩、100 mL/亩、50 mL/亩；清水。

(3) 旱稻播后除草

旱稻专用除草剂：400 mL/亩、200 mL/亩、50 mL/亩；清水。

(4) 田间除草

草甘膦：1 500 mL/亩；清水。

4. 实验方法

处理后，定期观察记载供试杂草的生长状况。处理后 7 d 和 14 d，用目测法和绝对值（数测）调查法观察记录除草活性和存活杂草株数，同时描述杂草受害症状。杂草受害主要症状有：颜色变化（黄化、白化等）；形态变化（新叶畸形、扭曲等）；生长变化（脱水、枯萎、矮化和簇生等）。

(1) 目测法　根据测试靶标杂草受害症状和严重程度，评价药剂的除草活性。可以采用下列统一分级方法进行调查（表 4-9-1）。

表 4-9-1　杂草受害症状分级

级别	杂草受害症状
1 级	全部死亡
2 级	相当于空白对照区杂草的 0～2.5%
3 级	相当于空白对照区杂草的 2.6%～5%
4 级	相当于空白对照区杂草的 5.1%～10%
5 级	相当于空白对照区杂草的 10.1%～15%
6 级	相当于空白对照区杂草的 15.1%～25%
7 级	相当于空白对照区杂草的 25.1%～35%
8 级	相当于空白对照区杂草的 35.1%～67.5%
9 级	相当于空白对照区杂草的 67.6%～100%

(2) 绝对值（数测）调查法　在每个小区采取 3 点调查，每点 0.25 m^2。于喷药后 7 d 和 14 d 调查各处理区内杂草存活株数，并调查处理前和处理后杂草株数后，全部拔除杂草，称取杂草地上部分鲜重，计算防除效果：

$$防除效果=\frac{对照区杂草株数（或鲜重）-处理区杂草株数（或鲜重）}{对照区杂草株数（或鲜重）}\times 100\%$$

五、实验步骤

1. 播种及喷施除草剂

(1) 大豆播种及田间喷施除草剂乙草胺。

(2) 玉米播种及田间喷施除草剂莠去津。

(3) 旱稻播种及田间喷施旱稻专用型除草剂。

(4) 草甘膦田间除草处理（二维码 4-9-1）。

(5) 田间杂草识别（下一次课按组汇报）。

二维码 4-9-1
灭生性除草剂田间除草效果图

2. 除草效果调查

(1) 分 4 组汇报，每组汇报 10 种以上田间杂草调查结果。

(2) 目测法观察草甘膦田间除草效果，按统一分级方法进行调查。

(3) 绝对值调查法记录大豆田芽前喷施乙草胺；玉米田芽前喷施莠去津；旱稻田芽前喷施旱稻专用型除草剂的田间杂草存活株数，取地上部称重计算防除效果。

六、结果观察与分析

二维码 4-9-2
芽前除草剂田间
除草效果图

1. 以组为单位提交田间杂草调查报告。

2. 目测法调查灭生性除草剂田间除草效果，对除草效果进行分级鉴定；调查施药后期杂草再生情况（表 4-9-2），并分析其原因。

3. 绝对值调查法统计芽前除草效果（二维码 4-9-2），计算并评价药剂活性；观察高剂量除草剂田间药害，整理分析实验结果（表 4-9-3）。

表 4-9-2　灭生性除草剂田间除草调查

除草剂类型	灭生性除草剂田间除草调查指标	
	除草级别（1～9 级）	杂草再生情况（Y/N）
草甘膦		

表 4-9-3　芽前除草剂田间除草调查

播种作物	除草剂类型	喷施剂量/（mL/亩）	芽前除草剂田间除草调查指标	
			地上部鲜重/g	防除效果/%
旱稻	旱稻专用型除草剂	清水		
		50		
		200		
		400		
大豆	乙草胺	清水		
		50		
		100		
		200		
玉米	莠去津	清水		
		100		
		250		
		500		

（李芳军）

4-10 可溶性糖/淀粉含量的测定

一、实验目的

（1）掌握作物器官或组织可溶性糖/淀粉含量测定的原理。

（2）掌握作物器官或组织可溶性糖/淀粉含量测定的方法。

二、内容说明

碳水化合物、脂肪和蛋白质等含N有机物是作物体内的主要生理活性物质及储藏物质。在作物的C素营养中，可溶性糖和淀粉是主要的营养物质。植物在个体发育的各个时期，代谢活动发生相应的变化。碳水化合物的代谢也不例外，其含量也随之发生变化。C、N营养需求及其比例是施肥等栽培措施的重要依据。

可溶性糖是植物体内重要的渗透压调节物质，与植物抗逆性密切相关。植物碳水化合物代谢对低温、干旱等逆境条件均表现为植株可溶性碳水化合物含量的提高。可溶性碳水化合物如葡萄糖、蔗糖帮助调节植物体内的许多发育和生理过程。

作物中可溶性糖主要指能溶于水及乙醇的单糖和寡糖。可溶性糖包括葡萄糖、果糖、蔗糖、麦芽糖和棉籽糖等多种糖类，是作物体内一种重要的碳水化合物。在一般作物及作物产品中，可溶性糖含量不仅能反映作物的生长状况，而且还能反映其品质。因此，分析作物中的可溶性糖含量颇为重要。了解作物可溶性糖含量的变化，对作物生理研究和作物生产实践有重要的意义。

可溶性糖含量测定常用方法主要有旋光法、滴定法（碘量法、菲林试剂法）、分光光度法（蒽酮比色法、间苯二酚法、紫外光度法、流动注射-吸光光度法）、荧光法、气相色谱法、高效液相色谱法、酶法（酶-比色法、酶-荧光法、酶-发光法、酶-电极法）和模拟酶法等。

三、实验原理

1. 可溶性糖含量的测定原理

蒽酮比色法：在强酸性条件下，糖（包括还原性糖和非还原性糖）脱水生成糖醛或羟甲基糖醛，蒽酮与糖醛作用生成蓝绿色糖醛衍生物，该蓝绿色的深浅与含糖量成正比，可在波长625 nm下进行比色测定。

2. 淀粉含量的测定原理

测完可溶性糖的沉淀物中的淀粉在稀酸作用下被水解成葡萄糖，对提取液再按可溶性糖的方法测定。

3. 仪器原理

分光光度计测定原理：根据朗伯（Lambert）定律，光被透明介质吸收的比例与入射光的强度无关。在光程上每等厚层介质吸收相同比例值的光。根据比尔（Beer）定律，光被吸收的量正比于光程中产生光吸收的分子数目。

$$\lg \frac{I_0}{I} = \varepsilon c l$$

式中：I_0 为入射光强度；

I 为通过样品后的透射光强度；

$\lg \frac{I_0}{I}$ 为吸光度；

c 为样品浓度；

l 为光程长；

ε 为吸收系数。

当采用摩尔浓度时，ε 为摩尔吸收系数，它与吸收物质的性质及入射光的波长 λ 有关。当产生光吸收的物质为未知物时，其吸收强度可用 A 表示，即吸光度（absorbance，A），在分光光度计上以 Abs 显示。

$$A = -\lg T = -\lg (I/I_0) = \varepsilon \rho l \text{（}A\text{ 与 }\rho\text{ 成正比关系）}$$

式中：ρ 为溶质质量浓度，g/100 mL；

l 为光程长，cm；

T 为光线透过率。

A 为该溶液产生的吸光度，表示 1cm 光程且该物质质量浓度为 1 g/100 mL 时产生的光吸收强度。

四、实验仪器用具和试剂

1. 仪器用具

分光光度计、水浴锅、漩涡振荡器、离心机、试管、离心管、容量瓶、移液管（移液枪）、小烧杯、擦镜纸等。

2. 试剂

（1）蒽酮：200 mg 蒽酮溶于 100 mL 浓 H_2SO_4 中，当天配制当天使用。

（2）蔗糖标准液 0.1 mg/mL：精确称取 0.100 0 g 蔗糖，在小烧杯中加水溶解，定容至 100 mL，得到质量浓度为 1 mg/mL 的蔗糖标准母液；取该母液 10 mL，加水定容至 100 mL，得到质量浓度为 0.1 mg/mL 的蔗糖标准工作液。

（3）葡萄糖标准液 0.1 mg/mL：精确称取 0.100 0 g 葡萄糖，在小烧杯中加水溶解，定容至 100 mL，得到质量浓度为 1 mg/mL 的葡萄糖标准母液；取该母液 10 mL，加水定容至 100 mL，得到质量浓度为 0.1 mg/mL 的葡萄糖标准工作液。

（4）乙醇。

（5）蒸馏水。

（6）9.2 mol/L 高氯酸：量取 739.55 mL 71%的高氯酸溶于水，稀释至 1 000 mL，即可。

五、实验步骤

1. 可溶性糖含量测定

（1）样品处理方法

①取干粉沫样品 0.02 g（或新鲜样品 0.08 g），放入塑料离心管中。

②加 6～8 mL 蒸馏水，加塞。

③在沸水浴中煮沸 20 min，其间摇动数次。

④取出冷却，液体移入离心管。

⑤3 500 r/min，离心 15 min。

⑥取上清液加入 50 mL 容量瓶。

⑦重复提取 2 次（重复②－⑥），取上清液，用蒸馏水定容至 50 mL，待测。

（2）标准曲线制作的准备　取 6 支试管，按表 4-10-1 加入 0.1 mg/mL 蔗糖标准工作液和蒸馏水，同时取待测液 1.5 mL，依次加蒽酮 4.0 mL，在 40℃水浴中显色 10～15 min。（注：各管在加入蒽酮试剂时要迅速，加完后用力振荡 1～2 min。）

（3）分光光度计的操作　打开分光光度计，机器预热 30 min，分析波长为 625 nm。

将装有空白液的比色皿放在分光光度计的比色架上。

调零：按“A/T/C/F”键，点亮“Abs”，按“OA/100%”，等待显示 0.00*X*，推入第 2 号，按“OA/100%”，逐次 4 位。

调“T%”为 100.*X*：按“A/T/C/F”键，点亮“T%”，按“OA/100%”，等待显示 100.*X*，推入第 2 号，按“OA/100%”，逐次 4 位；调试完毕，按“A/T/C/F”键，点亮“Abs”。

（4）样品测试　将标准液和样品液分别加入比色皿，放入仪器，推入池位，依次测完并记录“Abs”值。标准曲线数据测试完毕后，做标准曲线。若标准曲线相关系数＞95%，计算样品值；若标准曲线相关系数＜95%，则该标准曲线不合格，需重新配制标准溶液。

（5）整理测试完成后，关分光光度计，取出比色皿，清洗干净。

2. 淀粉含量测定

①将提取可溶性糖以后的残渣 80℃烘干，去除多余水分。

②加 3 mL 蒸馏水，摇匀，放入沸水浴中煮沸 15min。

③冷却后，再加入 9.2 mol/L 高氯酸 2 mL，摇匀，静置提取 15 min。

④加蒸馏水 4 mL，混匀，4 000 r/min 离心 15 min，取上清液加入 50 mL 容量瓶中。

⑤残渣加入 4.6 mol/L 高氯酸 2 mL，摇匀，静置提取 15 min。

⑥加蒸馏水 6 mL，混匀，4 000 r/min 离心 15 min，取上清液加入 50 mL 容量瓶中。

⑦残渣加入 4.6 mol/L 高氯酸 2 mL，摇匀，静置提取 15 min。

⑧加蒸馏水 6 mL，混匀，4 000 r/min 离心 15 min，取上清液加入 50 mL 容量瓶中。

⑨用7 mL蒸馏水清洗沉淀1次，80℃水浴20 min。

⑩离心，上清液转入50 mL容量瓶，定容，待测。

提取液再按可溶性糖的方法测定。

六、结果观察与分析

将测定结果填入表4-10-1中。

表4-10-1　实验用表

项目	1	2	3	4	5	6	待测液		
							1	2	3
0.1 mg/mL 蔗糖/mL		0.2	0.4	0.6	0.8	1.0	1.5	1.5	1.5
蒸馏水/mL	1.5	1.3	1.1	0.9	0.7	0.5			
蔗糖质量浓度/（μg/mL）	0	13.3	26.6	39.9	53.2	66.5			
蒽酮试剂/mL	4.0	4.0	4.0	4.0	4.0	4.0	4.0	4.0	4.0
吸光度									

计算样品中可溶性糖含量：

$$样品可溶性糖含量=\frac{\rho V}{m\times 1\,000\,000}\times 100\%$$

V为样品稀释后的体积（mL），（50 mL×稀释倍数）；

ρ为提取液的可溶性糖质量浓度（μg/mL）；

m为样品质量（g）。

七、思考题

1. 含脂肪多的样品应该如何测定可溶性糖含量？
2. 可溶性糖含量测定数据应用于哪些科研实验？

（闫建河）

参考文献

1．陈灿．作物学实验技术．长沙：湖南科学技术出版社，2017.

2．唐湘如，潘圣刚．作物栽培学．广州：广东高等教育出版社，2014.

3．胡立勇，丁艳锋，作物栽培学，北京：高等教育出版社，2008

4．迟范民，吴敏楚，位东斌，等．小麦．2版．北京：科学出版社，1984.

5．于振文，等．作物栽培学各论（北方本）．北京：中国农业出版社，2003.

6．中国农业大学农学院．作物栽培学实验指导（自印本），2011.

7．王季春．作物学实验技术与方法．重庆：西南师范大学出版社，2012.

8．陈德华．作物栽培学研究实验法．北京：科学出版社，2018.

9．Feng N，Song G，Guan J，et al. Transcriptome profiling of wheat inflorescence development from spikelet initiation to floral patterning identified stage-specific regulatory genes. Plant Physiology. 2017，174：1779-1794.

10．史春余，孙学振．作物生产学实验．北京：化学工业出版社，2012.

11．黄瑞冬，李广权．玉米株高整齐度及其测定方法的比较．玉米科学，1995，3（2）：61-63.

12．Bennetzen JL，Hake SC．Handbook of Maize：Its Biology．Springer，2009.

13．Mcsteen P．A floret by any other name：control of meristem identity in maize. Trends in Plant Science，2000，5（2）：61-66.

14．刘佃林．植物生理学．北京：北京大学出版社，2016.

15．王三根．植物生理生化．北京：中国农业出版社，2008.

16．张志良，李小方．植物生理学实验指导．5版．北京：高等教育出版社，2016.

17．邹琦．植物生理生化实验指导．北京：中国农业出版社，2003.

18．LI-6400操作手册.

19．便携式调制叶绿素荧光仪PAM-2100中文操作手册.

20．王荣栋，尹经章．作物栽培学．2版．北京：高等教育出版社，2015.

21．LAI-2200C植物冠层分析仪操作手册.

22．SPAD-502Plus操作手册.

23．刘林德，姚敦义．植物激素的概念及其新成员．生物学通报，2002，(08)：18-20.

24．杨秀荣，刘亦学，刘水芳，等．植物生长调节剂及其研究与应用．天津农业科学，2007，13（1）：23-25.

25. 杨成根，贾琦，丁霞．植物生长物质．化学教育，1998，(12)：4-8.

26. 李合生．现代植物生理学．3版．北京：高等教育出版社，2012.

27. Ferguson BJ，Beveridge CA. Roles for auxin，cytokinin，and strigolactone in regulating shoot branching. Plant Physiology，2009，149（4）：1929-1944.

29. Pennazio S. The discovery of the chemical nature of the plant hormone auxin. Rivista Di Biologia. 2002，95（2）：289-308.

30. 赵艳萍，魏佳乐．生长素的生理作用研究．乡村科技，2019，(09)：102-103.

31. 白克智．赤霉素的生理作用及其在生产上的应用．生物学通报，1996，(09)：20-21.

32. 张国华，张艳浩，丛日晨，等．赤霉素作用机制研究进展．西北植物学报，2009，29（2）：412-419.

33. Singh S，letham D S，Jameson P E，et al. Cytokinin biochemistry in relation to leaf senescence：IV. Cytokinin metabolism in soybean explants 1. Plant Physiology，1988，88（3）：788-794.

34. 王三根．细胞分裂素与植物种子发育和萌发．种子，1999，(04)：35-37.

35. Milborrow BV. The chemistry and physiology of abscisic acid. Annual Review of Plant Physiology，1974，25（1）：259-307.

36. Rai MK，shekhawat NS，Harish，et al. The role of abscisic acid in plant tissue culture：a review of recent progress，Plant Cell Tissue & Organ Culture，2011，106（2）：179-190.

37. Walton DC. Biochemistry and physiology of abscisic acid. Annual Review of Plant Physiology. 1980，31（31）：453-489.

38. Abeles FB，Morgan PW，Saltveit ME. Ethylene in plant biology 2nd ed. san Digeo，California：Academic Press，1992.

39. 李春喜，姚利娇，邵云，等．麦巨金微乳剂对小麦抗倒伏性及产量形成的效应．麦类作物学报，2009，29（6）：1060-1064.

40. 关颖谦，王义彰．赤霉素水稻幼苗鉴定法的改进．植物生理学通报，1963，(1)：47-51.

41. Vats S. Herbicides：History，classification and genetic manipulation of plants for herbicide resistance. Sustainable Agriculture Reviews，2015，15：153-192.

42. 严明强，刘晓才，云崇容．除草剂分类及安全使用方法．汉中科技，2009（6）：16-17.

43. 彭学岗．对草甘膦有恶性抗性杂草的铲除方案．湖北植保，2015（1）：64.

44. 权伍英，栾燕，迂君，等．GC-MS法测定蔬菜中乙草胺的残留量．中国卫生检验杂志，2005，15（4）：446-446.

45. 李艳娇．新型选择性芽前除草剂——莠去津．农业知识，2011，(4)：39.

第 5 部分

作物生产系统工程实验

5-1　作物系统优化设计

一、实验目的

（1）了解、使用 MATLAB 中的优化函数求解线性规划、非线性规划等问题。

（2）掌握作物系统中的栽培优化、群体设计、育种目标设计、施肥品种优化及品种评价（BLUP 方法）中的系统分析方法。

二、内容说明

MATLAB（MATrix LABoratory）是常用的数据处理软件，具有强大的数值计算和工程分析功能，具有丰富的图形函数和多种工具箱。MATLAB 优化分析功能很强，是系统优化分析的好帮手。本实验需要掌握的 MATLAB 函数有：linprog，fminbnd，fminsearch/fminunc，fmincon。它们对应的完整格式如下。

1. 线性优化函数（一元、多元）

［x，fval］＝linprog（f，A，b，Ae，be，lb，ub，x_0）

左边的 x，fval 为求解后的变量值和函数值；右边的 x_0 为初值（可缺省）（下同）。

对应的标准线性模型为：

$$\min z = \boldsymbol{f}^{\mathrm{T}} \boldsymbol{x}$$

$$\text{s.t.} \begin{cases} \boldsymbol{A}x \leqslant \boldsymbol{b}, \text{不等式约束} \\ \boldsymbol{Aex} = \boldsymbol{be}, \text{等式约束} \\ \boldsymbol{lb} \leqslant \boldsymbol{x} \leqslant \boldsymbol{ub}, \text{上下界} \end{cases}$$

A，Ae 为系数矩阵；f，b，be，lb，ub 为系数列向量。s. t. 是 subject to 的缩写。

2. 一元非线性极小值函数（有界区间上的最小值）

［x，fval］＝fminbnd（fun，x1，x2）

只有区间约束，fun 为要求解的目标函数；x1 和 x2 为变量 x 的上下界值。

3. 多元极小值函数

（1）无约束问题

①［x，fval］＝fminsearch（fun，x0）（较适合非线性次数<＝2）

②［x，fval］＝fminunc（fun，x0）（较适合非线性次数>2）

fun 为要求解的目标函数；x0 为给定的初始值。

(2) 有约束标准问题（线性不等式、等式约束；变量下上界；非线性不等式、等式约束）

$$\min_{x\in G} f(x),\ G=\{x \mid G(x)\leqslant 0\}$$

对应于标准模型：

$$\min z=F(x)$$

$$\text{s. t.}\begin{cases}\boldsymbol{Ax}\leqslant\boldsymbol{b},\ \boldsymbol{Aex}=\boldsymbol{be}\ \text{线性约束}\\ c(x)\leqslant 0,\ ce(x)=0\ \text{非线性约束}\\ \boldsymbol{lb}\leqslant\boldsymbol{x}\leqslant\boldsymbol{ub},\ \text{上下界}\end{cases}$$

基本函数格式：[x，fval]＝fmincon (fun，x0，A，b，Ae，be，lb，ub，nonlcon)

A，Ae 为系数矩阵；b，be，lb，ub，x0 为列向量；fun 为要求解的目标函数；非线性约束 nonlcon 包括函数向量 c(x) 和 ce(x)。

关于 MALTAB 的使用、数据管理、表达式语法及编程方面内容，请参考 MATLAB 软件联机帮助或本实验提供的电子教案（E-mail：sergzzl@cau. edu. cn）。

三、实验原理

1. 实际问题的最优化问题在数学上表现为求极值问题

极值问题总体上可分为两大类：一类为线性规划（目标函数和约束都为线性的）；另一类为非线性规划（目标函数与约束之一为非线性的）。

2. 解决极值问题的数学方法

线性规划一般用单纯形法。非线性规划有：一维搜索中的 Fibonacci 法、黄金分割法，多元极值中的最速下降法、牛顿法、广义牛顿法、外点法和内点法等，这些方法有的是直接利用函数，有的是利用函数的一阶导数或二阶导数等。

四、实验案例

1. 用 linprog 求解线性规划问题

$$\min z=-5x_1-4x_2-6x_3$$

$$\text{s. t.}\begin{cases}x_1-x_2+x_3\leqslant 20\\ 3x_1+2x_2+4x_3\leqslant 42\\ 3x_1+2x_2\leqslant 30\\ x_1,\ x_2,\ x_3\geqslant 0\end{cases}$$

解：明确 linprog 函数输入变量的取值：

```
f=[-5; -4; -6];%目标函数系数
a=[1, -1, 1; 3; 2, 4; 3, 2, 0];%约束方程系数
b=[20; 42; 30];%约束方程常数
lb=zeros (3, 1);%变量下界
[x, fval] =linprog (f, a, b, [], [], lb)%调用求解
```

输入及运行结果界面如图 5-1-1 所示。

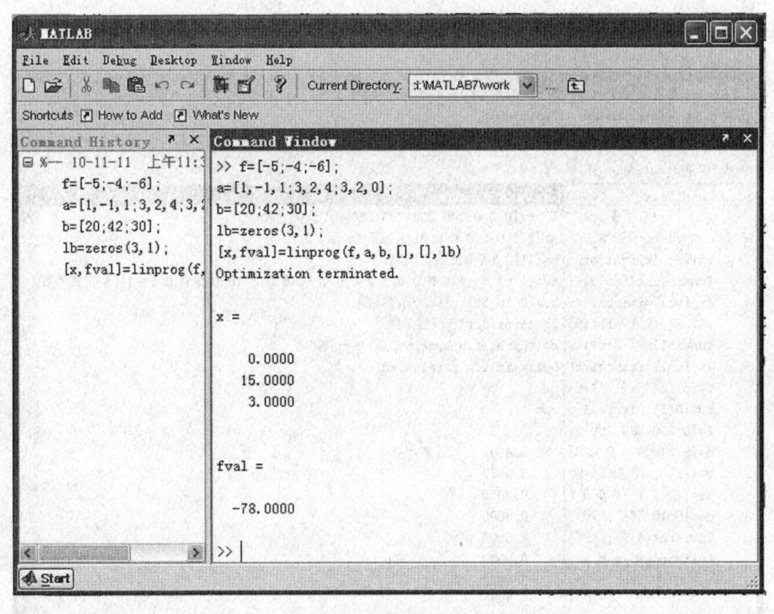

图 5-1-1　输入及运行结果界面（1）

注：(1) 输入矩阵时要以“[]”为其标识符号，矩阵的所有元素必须都在括号内。同行元素之间由空格或逗号分隔，行与行之间用分号或回车键分隔。

(2) 本例中 f、b、lb 输入的均是列向量；zeros 是 MATLAB 零元素生成函数，zeros（行数，列数）。

(3) 语句后的“;”可有可无，有表示不在命令窗口中显示该语句的计算结果。本例中显示 x，favl 的值是由于“[x，fval]=linprog（…）”后无分号。

(4)“Optimization terminated.”表示优化过程结束。

2. 用 linprog 求解目标规划问题

$$\min z=P_1d_1^+ + P_2\ (d_2^- + d_2^+) + P_3d_3^-$$

$$\text{s. t.}\begin{cases}2x_1+x_2\leqslant 11\\ x_1-x_2+d_1^- - d_1^+ =0\\ x_1+2x_2+d_2^- - d_2^+ =10\\ 8x_1+10x_2+d_3^- - d_3^+ =56\\ x_1,\ x_2\geqslant 0,\ d_i^-,\ d_i^+\geqslant 0,\ i=1,\ 2,\ 3\end{cases}$$

解：在 MATLAB 命令窗口输入：

```
f=[0 0 0 300 200 200 100 0]'；%价值系数，P1>>P2>>P3
a=[2 1 0 0 0 0 0 0];%不等式约束
b=[11]';%不等式资源限制
ae=[1 −1 1 −1 0 0 0 0；1 2 0 0 1 −1 0 0；8 10 0 0 0 0 1 −1];%等式约束
be=[0 10 56]';%等式资源限制
lb=zeros(8，1);%变量下界
x=linprog（f，a，b，ae，be，lb)%未取初值
```

输入及运行结果界面如图 5-1-2 所示。

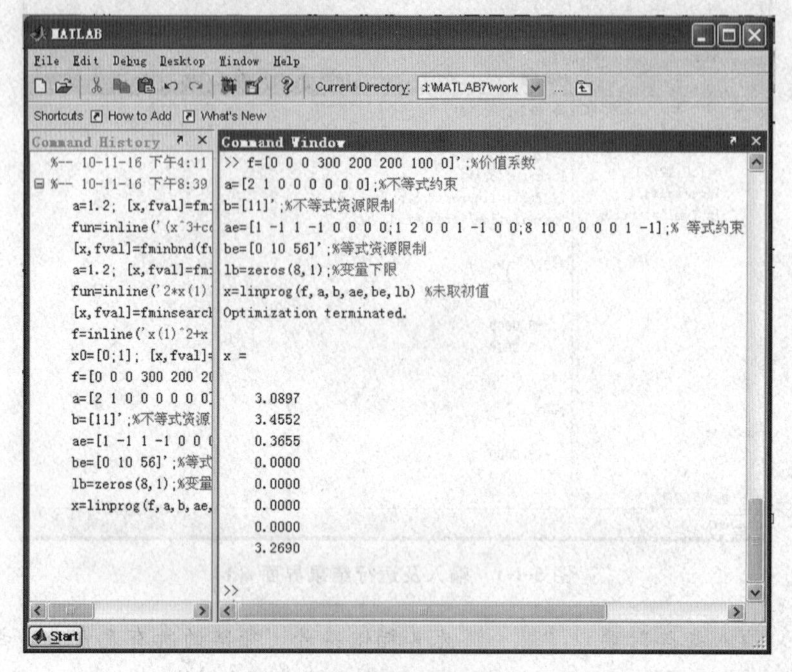

图 5-1-2　输入及运行结果界面（2）

注：

（1）在本例中 f、b、lb、be 输入的均是列向量，输入方式与上例不同，用行向量转置“′”。

（2）目标函数 P1、P2、P3 表示的是优先性，本例输入 300、200、100 表示。也可输入 3 000、2 000、1 000 等其他数表示。

（3）目标规划用以处理多目标问题，在本例中有 3 个目标。模型中的目标函数系数 f 只表示目标间的协调关系值，求解后的目标函数值大小本身没有实际意义，未输出结果。

3. 用 fminbnd 求下列一元非线性函数在（0，1］区间上的极小值

$$f(x)=\frac{x^3+\cos x+x\log x}{e^x}$$

方法一　用 inline 在线定义函数定义 $f(x)$ 再求解，即直接在命令窗口输入：

fun=inline('(x^3+cos(x)+x*log (x))/exp (x)');

[x, fval]=fminbnd(fun, 0.0001, 1)

方法二　将目标函数（可带参数）编成 m 程序，用 MATLAB 的程序编辑器 Editor 编写：

function y=myfun (x, a)

y=(x^3+cos(x)+a*x*log(x))/exp(x);

然后，将程序保存到名为 myfun. m 的文件。在命令窗口输入：

a=1.0; [x, fval]=fminbnd(@ (x) myfun(x, a), 0.0001, 1)

4. 用 fminsearch 或 fminunc 求解下列多元函数无约束极小值，x0=(0, 1)^T

$$y=2x_1^3+4x_1x_2^3-10x_1x_2+x_2^2$$

方法一　用 inline 在线定义函数定义 y(x)，即在命令窗口输入：

y=inline('2 * x(1)^3+4 * x(1) * x(2)^3-10 * x(1) * x(2)+x(2)^2');

[x, fval]=fminsearch(y, [0; 1]) %无约束的初值自由度较大

第二条也可输入：

[x,fval]=fminunc(y,[0;1])

更简单的方法是直接输入：

[x,fval]=fminsearch(@(x) (2 * x(1)^3+4 * x(1) * x(2)^3-10 * x(1) * x(2)+x(2)^2),[0;1])

或 [x,fval]=fminunc(@(x) (2 * x(1)^3+4 * x(1) * x(2)^3-10 * x(1) * x(2)+x(2)^2),[0;1])

方法二　编写目标函数的 m 程序（保存时的程序文件名为 myfun. m）

function y=myfun (x)

y=2 * x(1)^3+4 * x(1) * x(2)^3-10 * x(1) * x(2)+x(2)^2;

然后在命令窗口输入：

[x,fval]=fminsearch(@(x)myfun(x),[0;0]);

输入及运行结果界面如图 5-1-3 所示。

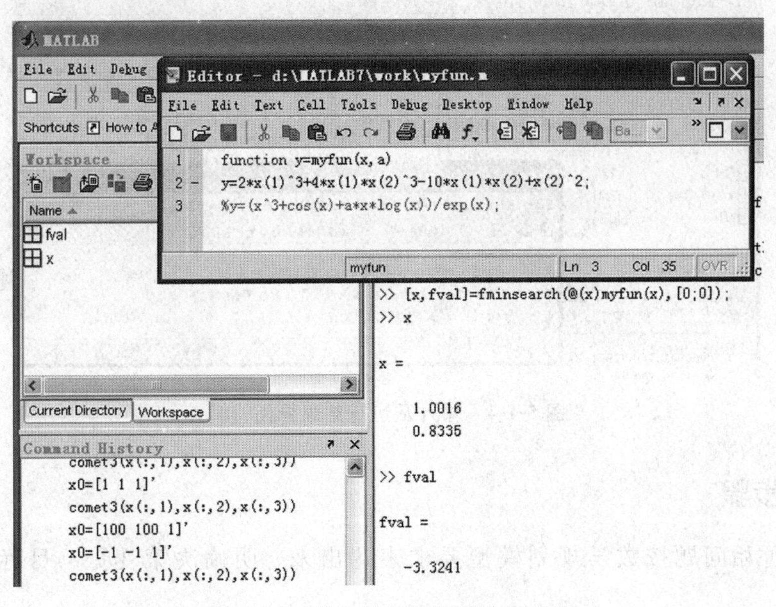

图 5-1-3　输入及运行结果界面（3）

5. 用 fmincon 求解下列多元函数无约束极小值，x0=(0, 1)′

$$\min z=x_1^2+x_2^2-x_1x_2-2x_1-5x_2$$

$$\text{s. t}\begin{cases}-(x_1-1)^2+x_2\geqslant 0\\ 2x_1-3x_2+6\geqslant 0\end{cases}$$

方法一　先建立如下非线性的不等式和等式约束函数程序文件 mycon. m

```
function [c, ceq]=mycon(x)
c=(x(1) -1)^2-x(2);%不等式非线性约束
ceq=[];%等式非线性约束为空
```

然后在命令窗口定义目标函数和线性约束并求解，即键入：

```
f=inline('x(1)^2+x(2)^2-x(1)*x(2)-2*x(1)-5*x(2);');
a=[-2,3]; b=6; aeq=[]; beq=[]; lb=[]; ub=[];%线性约束
x0=[0;1];%可行域里的点，初始值
[x,fval]=fmincon(f,x0,a,b,aeq,beq,lb,ub,@mycon)
```

方法二　先建立如下非线性约束函数文件 mycon. m

```
function [c,ceq]=mycon(x)
c(1)=(x(1)-1)^2-x(2);%非线性不等式约束
c(2)=-2*x(1)+3*x(2)-6;%也视作非线性不等式约束
ceq=[];%等式非线性约束为空
```

然后在命令窗口定义目标函数并求解，即输入：

```
f=inline('x(1)^2+x(2)^2-x(1)*x(2)-2*x(1)-5*x(2);');
x0=[0;1];[x,fval]=fmincon(f,x0,[],[],[],[],[],[],@mycon)
```

输入及运行结果界面如图 5-1-4 所示。

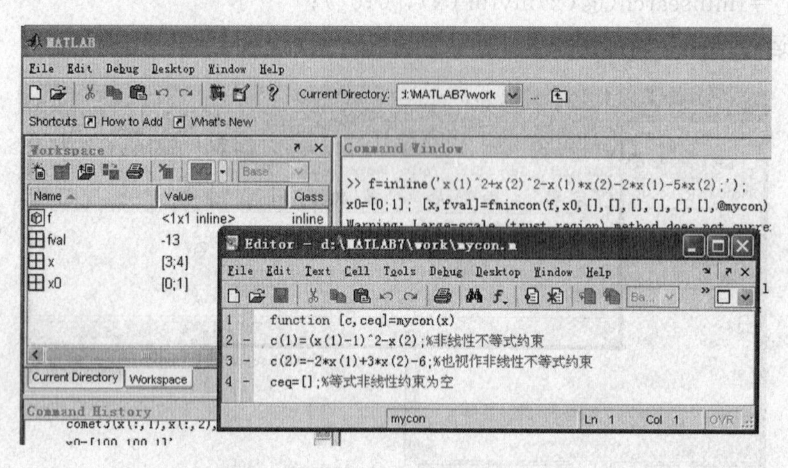

图 5-1-4　输入及运行结果界面（4）

五、实验步骤

（1）将原始问题按数学规划模型要求表达出来。明确决策变量、目标函数、约束方程。

（2）根据 MATLAB 的优化函数要求将模型标准化：规范不同决策变量为统一数组变量，如（x1、x2、x3、u、v）变换为（x(1)、x(2)、x(3)、x(4)、x(5)）；规范目标为极小（min）；规范约束方程。

（3）定义 MATLAB 目标函数。若是非线性规划用“inline”定义目标函数；若是线性规划就构造目标函数系数矩阵“f”。

（4）构造线性约束方程系数 MATLAB 阵。a、b（不等式左边变量系数、右边常数）；

ae、be（等式左边变量系数、右边常数）；lb、ub（变量最小、最高界限值）。

（5）编辑定义非线性约束的 MATLAB 函数（.m 程序），给定初始值 x0，调用优化函数求解。

（6）根据求解结果确定最优解和最优目标函数值。若结果不满意可调整初始值继续调用优化函数求解。

六、实验操作练习

仿照实验案例，编写下列各题的 MATLAB 命令语句，并运行。

1. 求解 $f(X)=4x_1+6x_2-2x_1^2-2x_1x_2-2x_2^2$ 的极大点，给定初始点 $X^0=(1,1)^T$。

2. 求解
$$\min f(X)=(x_1-2)^2+(x_2-3)^2$$
$$\text{s.t.}\begin{cases}x_1^2+(x_2-2)^2\geqslant 4\\ x_2\leqslant 2\end{cases}$$

3. 求解
$$\min f(X)=2x_1^2+2x_2^2-2x_1x_2-4x_1-6x_2$$
$$\text{s.t.}\begin{cases}x_1+5x_2\leqslant 5\\ 2x_1^2-x_2\leqslant 0\\ x_1\geqslant 0,\ x_2\geqslant 0\end{cases}$$

4. 小麦群体设计问题：

（1）各变量的生物学描述：基本苗（万株/亩）X2；冬前茎（万个/亩）X3；拔节茎（万个/亩）X4；亩穗数（万个/亩）X5；穗粒数 X6；抽穗—开花时间长（d）X8；阶段 i 前期总生物量（kg/亩）Ui；阶段 i 新增生物量（kg/亩）Vi(i=3 冬前、4 拔节、5 孕穗、6 花后 10 d、7 花后 20 d、8 成熟)。

（2）某小麦品种，经过田间试验，利用相关数据资料分析建立模型如下：

max Y

满足于：

Y=−494.2884443+X2*19.43210388+X6*20.11082791+U7*0.046585371
  −X2*X6*0.793273811+X6*X5*0.314483623+(0.968452631−X2
  *0.012171428−X6*0.032736159)*(V7+V8)

X3=−11.32771444+1.806365313*X2+(1.208204582−0.002636179*U3)*U3

X4=101.534342−(6.670595464−0.052288581*V4)*X2+0.59509617*X3
  −0.001828486*U4*V4

X5=17.05166705+(0.001466916*U5−0.001954843*X3)*X3+(0.231155288
  −0.002270978*X4+0.000714267*V5)*V5+0.001324512*X4*X4
  −0.000339222*U5*U5

X6=31.59799864−(2.101299551−0.005333536*U5)*X8+(0.824583977
  −0.014898855*X5)*X5−(0.022554423−0.000573894*X5)*(V6
  +V7)−(0.058481716−(0.0000307177)*U5)*U5

U4=U3+V4,U5=U4+V5,U6=U5+V6,U7=U6+V7,U8=U7+V8,

20⩽X2⩽35,70⩽X3⩽170,80⩽X4⩽220,30⩽X5⩽55,20⩽X6⩽28,X8=6

1.17X2⩽U3⩽4.07X2,2.91U3⩽U4⩽10U3,1.03U4⩽U5⩽1.55U4

$1.65U5 \leqslant U6 < 3.61U5, 1.01U6 \leqslant U7 \leqslant 1.30U6, 1.01U7 \leqslant U8 \leqslant 1.29U7$

$0.3U8 \leqslant Y \leqslant 0.45U8$

思考：上述模型为在高肥力土壤条件下的模型。若在低肥力条件下，如何修改模型约束条件？

5. 玉米群体设计问题：

(1) 各变量的生物学描述：X1-密度（plants/hm^2）；X2-成穗率（%）；Y-产量；U1-拔节期干物重；U2-吐丝期干物重；U3-灌浆期干物重；U4-乳熟期干物重；U5-完熟期干物重，U6-完熟期叶重。上述变量单位均为 kg/hm^2。

(2) 某玉米品种，经过田间试验建立相应模型如下：

max Y

满足于：

X2=144.9215522+(0.000000232651*U2+0.0000000195051*U5
　　−0.000000468403*U6)*X1−(0.027264583+0.00000239594*U5
　　−0.00000304315*U4)*U2−0.000000580562*U4*U4
　　+0.000000471774*U5*U4+0.00000669799*U6*U6

Y=6581.890558+(0.0000279731*U3−0.00000228346*X1)*X1
　　+(0.008222227*U1−0.000711799*U3−0.000575566*U4−0.096597675
　　*X2)*U1+(−0.000127325*U3+0.0000638557*U4+0.011812989
　　*X2)*U3+0.348964358*U4

0.016*X1<=U1<=0.0308*X1,1.646*U1<=U2<=3.318*U1

2.206*U2<=U3<=5.675*U2,1.002*U3<U4<=1.981*U3

1.001*U4<=U5<=1.428*U4,0.092*U5<U6<=0.355*U5

45000<=X1<=90000, 95<=X2<=110,Y<=0.65*U5

6. 小麦育种目标设计：某育种者根据某一年份的一批育种材料，得到产量结构统计方程，现利用这组方程进行产量性状的育种目标设计，得到下列一组设计方程。

(1) 产量优化方程（最优解参考 $x_1=159.5$，$x_2=0.85$，$y=135.7$）：

$\max\ y=x_1x_2$

s. t.　$x_2=0.03945x_1e^{-0.0125433x_1}$，$x_1>0$，$x_2>0$

x_1 穗数－小区；x_2 穗粒重－g。

(2) 穗数优化方程（最优解参考 $x_{11}=420.2$，$x_{12}=0.373$，$x_1=156.7$）：

$\max\quad x_1=x_{11}x_{12}$

$$\text{s. t.}\begin{cases}x_{12}=1.9858-0.01441x_{11}+4.327\times10^{-5}x_{11}^{2}-4.313\times10^{-8}x_{11}^{3}\\x_{11}>0,\ x_{12}>0\end{cases}$$

x_{11} 分蘖数－小区；x_{12} 分蘖成穗率－%。

(3) 穗粒重优化方程（最优解参考 $x_3=32.7$，$x_4=35.55$，$x_2=1.163$）：

$\max\quad x_2=x_4x_3$

$$\text{s. t.}\begin{cases}x_4=-35.3439+5.4197x_3-0.994x_3^{2}\\x_3>0,\ x_4>0\end{cases}$$

x_3 穗粒数；x_4 千粒重－g。

（4）穗粒数优化方程（最优解参考 $x_{31}=17.7$，$x_{32}=1.555$，$x_3=27.5$）：

$$\max \quad x_3 = x_{31}x_{32}$$

$$\text{s.t.} \begin{cases} x_{32}=37.9512-6.6511x_{31}+0.4080x_{31}^{2}-8.388\times10^{-3}x_{31}^{3} \\ x_{31}>0,\ x_{32}>0 \end{cases}$$

x_{31} 结实小穗数；x_{32} 每小穗粒数。

7. 用最佳线性无偏预测值（best linear unbiased predictor，BLUP）方法完成区试中品种×环境组合某一性状均值的估计（表 5-1-1），其公式为

$$Y_{ij} = L + g_i + e_j + H_{ij}$$

Y_{ij} 为性状的表现值；L 为所有观测值所属总体的均值；g_i 为品种 i 的效应；e_j 为环境 j 的效应；H_{ij} 为品种 i 与环境 j 的基因型×环境（GE）互作效应。在本例中假设 H_{ij} 为 0。

5-1-1　北方某地夏玉米品种区域试验数据

地点	品种	出苗期/d	抽雄期/d	吐丝期/d	成熟期/d	株高/cm	穗位/cm	实收株数	倒伏率/%	单株产量/g	小区产量/kg
1	1	6	50	53	95	261	118	132	6	95.5	21
1	2	6	51	53	95	273	129	130	5	103.8	22.5
1	3	6	50	52	95	275	121	134	4	97.8	22.84
1	4	6	52	55	96	310	133	133	5	98.5	23.33
1	5	6	52	55	97	298	118	133	2	104.5	21.67
1	6	6	53	55	99	276	132	120	4	97.5	21.33
1	7	6	52	54	96	273	115	136	25	91.9	20.83
1	8	6	52	53	97	295	129	127	20	96.9	21.18
1	9	6	51	55	96	265	106	130	7	102.3	22.17
1	10	6	51	54	96	296	134	129	12	99.2	21.33
2	1	6	51	54	105	260	117	127	0.8	119.1	21.8
2	2	6	51	54	108	277	120	151	6.6	126.7	28.3
2	3	6	50	53	105	260	110	142	2.1	122.7	25.7
2	4	6	54	56	107	296	133	138	8.7	126.7	26.1
2	5	6	52	55	108	297	121	129	10.8	123.7	22.5
2	6	6	53	55	107	285	135	140	7.9	101.1	21.2
2	7	6	53	55	106	272	118	141	12.1	103.7	24.6
2	8	6	52	55	104	284	124	134	0	147.1	24.5
2	9	6	52	54	106	269	115	123	0	128.3	24.8
2	10	6	52	54	105	290	130	132	0	133.3	24.8
3	1	6	50	53	96	256	104	235	0	100	23
3	2	6	51	54	101	248	114	265	0	110	29.18
3	3	6	50	52	98	246	98	256	0	90	22.5
3	4	6	53	55	105	287	119	255	0	110	28.6
3	5	6	53	55	105	290	120	245	0	100	22.9

续表 5-1-1

地点	品种	出苗期/d	抽雄期/d	吐丝期/d	成熟期/d	株高/cm	穗位/cm	实收株数	倒伏率/%	单株产量/g	小区产量/kg
3	6	6	53	55	100	274	117	240	10	110	25.83
3	7	6	52	54	93	268	110	236.5	50	110	25.6
3	8	7	52	54	97	278	108	205	40	100	20.03
3	9	6	52	54	94	256	100	245	65	70	17.58
3	10	6	52	54	97	282	125	235	8	120	29.18
4	1	7	52	55	95	257	101	223	0	112.8	25.15
4	2	7	53	55	93	281.1	117.4	223	0	103.6	23.1
4	3	7	50	53	93	263.6	107.6	234	0	117.3	27.45
4	4	7	54	56	97	303.6	128.8	275	2	95.6	26.3
4	5	7	53	55	96	302.6	106.2	248	5	104.4	25.9
4	6	7	56	59	98	293.2	121.6	238	6	81.3	19.35
4	7	7	54	56	91	276.6	108.4	228	15	114.7	26.15
4	8	7	52	54	95	303.2	119.2	198	2	118.2	23.4
4	9	7	53	55	92	249.2	99.8	245	0	105.5	25.85
4	10	7	53	55	95	271.2	108	239	2	118.4	28.3
5	1	6	50	53	95	269	103	276	4.8	135.5	25.22
5	2	6	50	53	95	267	108	307.2	40.2	121.25	28.74
5	3	6	48	52	93	253	92	286	53.8	109.5	26.58
5	4	6	52	56	99	287	114	324	92.8	98	25.17
5	5	6	52	56	98	285	110	271	86.4	106	23.99
5	6	6	53	56	98	284	119	326	99	91.5	22.99
5	7	6	50	54	96	265	84	266	98.7	80	21.63
5	8	6	52	54	95	292	103	220.4	66.9	136.5	24.69
5	9	6	50	54	97	254	96	277	95.8	80.75	20.32
5	10	6	49	53	96	281	111	304	78.6	108	25.78
6	1	6	51	54	95	226	95	245	0	97.5	23.9
6	2	6	50	53	96	236	101	261	0	99.2	25.9
6	3	6	50	53	96	225	95	246	10	90.2	22.2
6	4	6	54	57	100	253	121	270	10	83.7	22.6
6	5	6	52	54	99	230	96	256	0	90.2	23.1
6	6	6	54	56	93	238	104	238	0	89.1	21.2
6	7	6	51	54	93	232	106	253	20	89.7	22.7

续表 5-1-1

地点	品种	出苗期/d	抽雄期/d	吐丝期/d	成熟期/d	株高/cm	穗位/cm	实收株数	倒伏率/%	单株产量/g	小区产量/kg
6	8	6	53	56	97	231	88	163	0	96.3	15.7
6	9	6	53	56	92	216	98	263	0	86.7	22.8
6	10	6	51	54	96	233	98	241	0	94.6	22.8
7	1	4	50	54	95	268	110	222	0	106	18.82
7	2	4	49	53	98	279	121	233	0	108	24.78
7	3	4	49	52	96	265	114	229	0	90	19.56
7	4	4	53	57	97	306	127	247	25	111	19.8
7	5	4	53	57	102	305	125	262	0	97	18.22
7	6	4	54	57	94	299	126	236	20	86	14.67
7	7	4	54	57	95	277	112	254	80	122	11.53
7	8	4	54	57	96	304	130	247	0	109	21.86
7	9	4	53	57	95	259	106	264	0	82	16.93
7	10	4	52	56	100	277	121	256	10	103	22.26

8. 设计肥料品种优化方案。

以下是关于华北平原目标产量下的养分吸收量。

(1) 夏玉米氮磷钾吸收规律：

夏玉米氮素吸收量（kg N/hm^2）　　An＝0.018x＋26.4

夏玉米磷素吸收量（kg P_2O_5/hm^2）　　Ap＝0.012x－31.5

夏玉米钾素吸收量（kg K_2O/hm^2）　　Ak＝0.022x－14.6

式中：A（An Ap Ak）为作物在目标产量下的养分吸收量，kg/hm^2；x 为目标产量，kg/hm^2。

(2) 冬小麦氮磷钾吸收规律：

冬小麦氮素吸收量（kg N/hm^2）　　An＝0.027 3x＋2.5

冬小麦磷素吸收量（kg P_2O_5/hm^2）　　Ap＝0.010 4x＋1.6

冬小麦钾素吸收量（kg K_2O/hm^2）　　Ak＝0.026 6x＋2.5

式中：A（An Ap Ak）为作物在目标产量下的养分吸收量，kg/hm^2；x 为目标产量，kg/hm^2。

请根据以下肥料品种养分特征进行肥料品种优化。暂不考虑土壤中的养分含量。肥料价格自行设定。参照如下：

尿素价格为 1 550～1 750 元/t；

磷酸二铵（国产）价格为 2 600 元/t；磷酸一铵（国产）价格为 2 000 元/t；

钾肥价格为 3 100～3 200 元/t；

复合肥价格为 2 000～2 300 元/t。

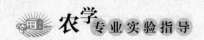

肥料主要品种及养分含量见表5-1-2。

表5-1-2 肥料主要品种及养分含量

肥料名称		养分含量/%			
		N	P_2O_5	K_2O	
氮肥	尿素	46			
	碳酸氢铵	17			
	硫酸铵	21			
	硝酸铵	34			
	氯化铵	25			
	氨水	15			
	硝酸铵钙	22			
磷肥	普通过磷酸钙		16		
	钙镁磷肥		14		
	磷酸二铵	18	48		
	磷酸一铵	12	50		
钾肥	氯化钾			60	
	硫酸钾			50	
	硫酸钾镁			40	
复合肥	氮磷钾复合肥	15	15	10	

（廖树华）

5-2　区域作物生产系统优化——SIMETAW 模型的应用

一、实验目的

学会利用作物需水量模型（SIMETAW model）计算不同地区、不同作物的需水量。

二、内容说明

1. 作物需水量的概念及意义

作物需水量指生长在大面积上的无病虫害作物在土壤养分和其他生长环境要素都具备高产的条件下，为满足植株蒸腾、棵间蒸发、组成植株体所需要的水量。

作物需水量可用于计算作物的水分生产率，制定节水灌溉制度，指导区域农业的用水规划。

作物需水量的计算方法：

$$ET_c = ET_o \times K_c$$

式中：ET_c 为作物需水量；

ET_o 为参考作物蒸散量；

K_c 为作物系数。

2. SIMETAW 模型简介

SIMETAW（simulation evapotranspiration of applied water）模型是由美国加州大学戴维斯分校研究开发的农业水资源管理与规划模型，在估测作物需水量、计算土壤蒸发、制定合理灌溉制度和农业用水规划等方面，提供理论依据。基于联合国粮食和农业组织（Food and Agriculture Organization of the United Nations，FAO）推荐的 Penman-Monteith 方程在逐日气象数据资料的基础上计算作物需水量，较之以月或作物生长阶段为基础的方法，准确度更高。该模型还考虑非作物生长季节（即裸露土壤或作物苗期覆盖度不高情况下）的土壤水分消耗，不仅模拟参考作物蒸散量（ET_o），还模拟作物需水量（ET_c）、有效降水量（E_r）和灌溉需水量（ET_{aw}）等农田水量平衡数据。

（1）SIMETAW 模型的结构　模型的模块由气象模块、作物模块和土壤模块构成。

（2）SIMETAW 模型的功能

①根据所拥有的气象数据可模拟未来条件下的逐日气象数据。

②根据已有历史或未来条件下的逐日气象数据，计算参考作物蒸散量（ET_o），依据修正后的Penman-Monteith方程进行计算，公式为：

$$ET_o=\frac{0.408\Delta(R_n-G)+\gamma\frac{900}{T+273}u_2(e_s-e_a)}{\Delta+\gamma(1+0.34u_2)}$$

式中：ET_o 为参照作物蒸散量（mm/d）；

R_n 为作物垫面的净辐射［MJ/(m^2·d)］；

G为土壤热通量［MJ/(m^2·d)］；

T为平均温度（℃）；

u_2 为2m高处风速（m/s）；

e_s-e_a 为饱合水汽压与实际水汽压差（kPa）；

Δ为水汽压曲线斜率（kPa/℃）；

γ为干湿球湿度计常数（kPa/℃）。

③通过测定作物系数（K_c）来估算某地区某作物的作物需水量（ET_c）（公式为$ET_c=ET_o\times K_c$）。

④利用模型将降水量与土壤含水量、空气湿度等气候和土壤条件相结合，计算地区内的有效降水量（E_r）。

⑤模拟作物-土壤水分蒸发蒸腾损失水总量（ET_{aw}），ET_{aw} 也是灌溉需水量。

⑥利用 ET_{aw} 估算特定地区特定作物的某天、某个季节、整个生育期或全年的灌溉需水量（水分的平衡）。

（3）SIMETAW模型的特点

①用C＋＋程序编写；

②有完善数据库的支持（作物系数）；

③界面友好，有多种输入方式可供研究者选择；

④输入简单，利于研究者掌握；

⑤在全球有良好的应用基础和效果；

⑥可以模拟未来全球气候变化情况下 ET_o 和 ET_c 的变化趋势。

三、实验原理

根据SIMETAW模型的计算原理和方法，计算不同地区、不同作物、不同年份的作物需水量、有效降水量和灌溉需水量，并对计算结果进行分析，得出结论。

四、实验材料和仪器设备

北京等的标准气象站点不同时段的气象数据，不同作物参数数据和土壤数据；SIMETAW模型，计算机等。

五、实验步骤

本试验采用基于Penman-Monteith公式开发的SIMETAW模型，以北京气象站点某年气象数据为例，计算夏玉米的作物需水量 ET_c、生育期内有效降水量 E_r、生育期灌溉需水量 ET_{aw} 等指标。其主要过程如下：

1. SIMETAW 模型的输入及输出因子

（1）输入因子

地区信息：研究区域名称、代码、纬度（弧度）和海拔（m）。

气象信息：逐日数据，包括太阳辐射、最高温度、最低温度、平均风速、露点温度和降雨量。

作物信息：作物名称、种植日期、收获日期、种植面积、生长季内根系最大有效深度、不同时期地面覆盖率。

土壤信息：土壤类型（沙土、壤土、黏土）、土壤最大有效深度、种植前土壤是否提前灌溉等。

（2）输出因子　参考作物蒸散量（ET_o）、作物系数（K_c）、作物需水量（ET_c）、降雨量（P_{cp}）、有效降雨量（E_r）、灌溉需水量（ET_{aw}）、最大田间持水量（FC）和永久萎蔫点（PWP）等。作物系数（K_c）分为生长季作物系数（OK_c）和非生长季作物系数（IK_c）。

2. SIMETAW 模型运行及输出

（1）SIMETAW 模型运行界面　SIMETAW 模型创建的文件名需由 5 位英文字母＋数字组成（图 5-2-1），比如“bj001. day”。

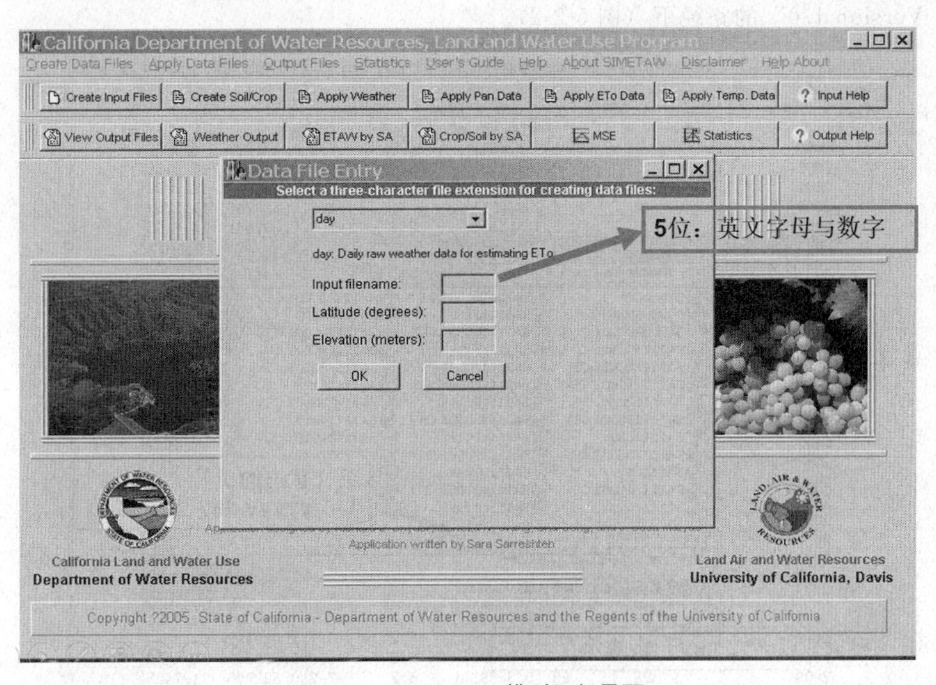

图 5-2-1　SIMETAW 模型运行界面

（2）SIMETAW 模型气象数据　模型所需为逐日标准气象数据，所需指标包括太阳辐射（Solar Radiation，MJ/m^2）、日最高温度（TMax，℃）、日最低温度（TMin，℃）、2 m 高处风速（Wind，m/s）、露点温度（Td，℃）、降雨量（Pcp，mm），如表 5-2-1 所示。

表 5-2-1 气象数据

	A	B	C	D	E	F	G	H	I	J	K
1	bj007. day	39. 6	31. 3								
2	Year	Mon	Day	DOY	Solar	TMax	TMin	Wind	Td	Pcp	
3	#	#	#	#	MJ/m^2	oC	oC	m/s	oC	mm	
4	2009	1	1	1	9. 5341	0. 8	-7. 9	1. 121927	-18. 0329	0	
5	2009	1	2	2	7. 594992	2. 4	-9. 6	0. 897541	-13. 2788	0	
6	2009	1	3	3	8. 153776	2. 4	-7. 1	1. 121927	-14. 0492	0	
7	2009	1	4	4	8. 260611	1	-6. 5	0. 822746	-11. 2799	0	
8	2009	1	5	5	9. 516951	2. 4	-7. 9	0. 897541	-14. 6165	0	
9	2009	1	6	6	9. 786478	4. 2	-6. 7	1. 346312	-12. 5492	0	
10	2009	1	7	7	9. 674947	3. 4	-8. 3	0. 673156	-12. 0089	0	
11	2009	1	8	8	6. 162695	0. 2	-4. 6	2. 617829	-15. 0522	0	
12	2009	1	9	9	10. 46439	0. 5	-10. 1	2. 318648	-21. 4299	0	
13	2009	1	10	10	9. 892479	2. 6	-10. 5	1. 196722	-16. 955	0	
14	2009	1	11	11	10. 57032	0. 2	-6. 6	2. 617829	-21. 0123	0	
15	2009	1	12	12	10. 7055	1. 2	-6. 4	1. 869878	-20. 4247	0	
16	2009	1	13	13	9. 816274	6. 1	-9. 3	1. 346312	-13. 7387	0	
17	2009	1	14	14	10. 66743	0. 5	-9. 5	1. 645492	-23. 3166	0	
18	2009	1	15	15	9. 533075	1. 7	-10. 7	0. 747951	-19. 5408	0	
19	2009	1	16	16	7. 746556	2	-8. 8	0. 747951	-11. 9391	0	
20	2009	1	17	17	3. 844857	-0. 3	-4. 2	1. 196722	-7. 22181	0	
21	2009	1	18	18	10. 44631	7. 5	-7. 6	1. 271517	-7. 07975	0	
22	2009	1	19	19	10. 02603	5. 9	-6. 5	0. 972336	-9. 66685	0	
23	2009	1	20	20	7. 141069	8. 9	-5	1. 346312	-6. 2634	0	
24	2009	1	21	21	7. 854229	2. 9	-4. 6	1. 346312	-6. 56629	0	
25	2009	1	22	22	9. 655866	2	-10. 6	4. 712092	-22. 76	0	
26	2009	1	23	23	11. 31321	-6. 9	-11. 8	3. 51537	-30. 9402	0	
27	2009	1	24	24	11. 39535	0. 1	-10. 1	2. 094263	-26. 1614	0	
28	2009	1	25	25	11. 73312	2. 1	-6. 7	2. 543034	-24. 1381	0	
29	2009	1	26	26	11. 82075	5. 2	-9. 1	2. 019468	-22. 3689	0	
30	2009	1	27	27	10. 53997	3. 5	-9. 2	0. 598361	-16. 4458	0	
31	2009	1	28	28	10. 36381	6. 8	-7. 2	0. 822746	-11. 7428	0	

对气象数据 CSV 文件进行保存时，在英文状态下，文件名由 5 位英文字母＋数字组成，与图 5-2-1 中创建的文件名一致，比如“bj001. day”，并且一定要保存在“SIMETAW Version 1. 0”的路径下（图 5-2-2）。

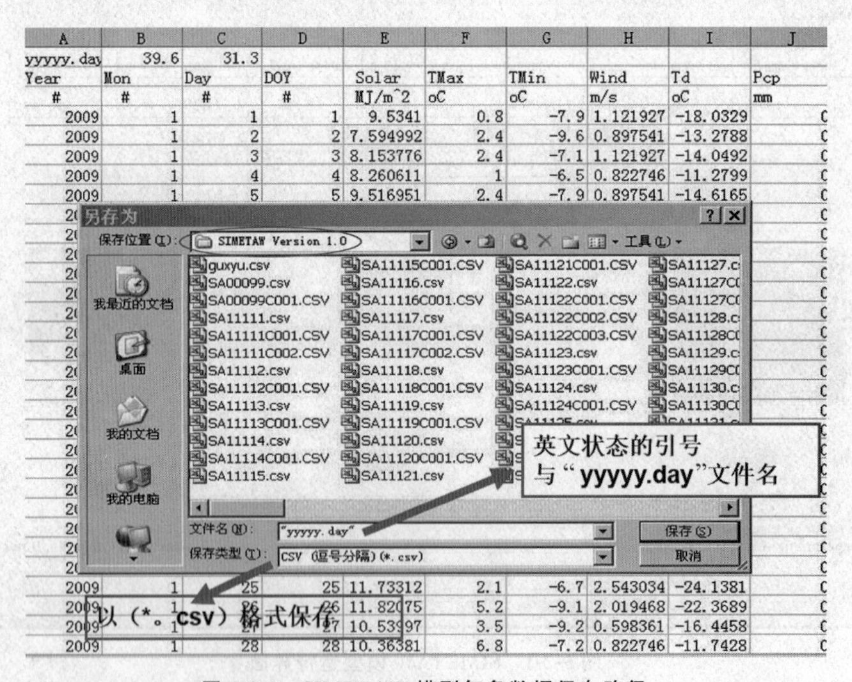

图 5-2-2 SIMETAW 模型气象数据保存路径

（3）SIMETAW 模型作物参数及土壤参数的输入 SIMETAW 模型的作物参数需设置 SA 序列号（1—99999），选择作物名称，填写作物的播种、收获日期（具体至日，格式需与模型所给范例一致）。土壤参数中播种面积可暂定为 1，其他参数在没有具体本地参数时可参考 SIMETAW 模型的默认值。保存路径为“SIMETAW Version 1.0”（图 5-2-3）。

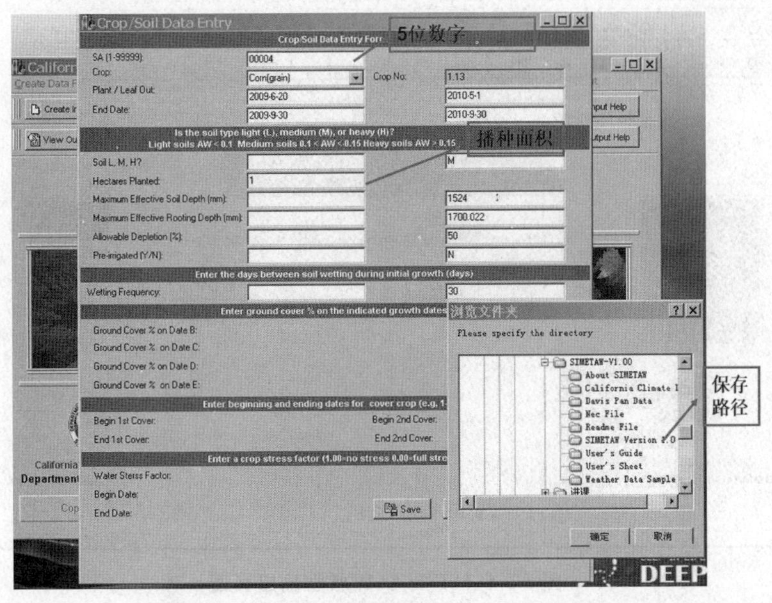

图 5-2-3　SIMETAW 模型作物和土壤参数输入

（4）SIMETAW 模型模拟操作　SIMETAW 模型在模拟时，如果气象数据为既定发生年份，Apply Weather 处应选择“Non-simulated”（图 5-2-4）；若研究未来气象变化条件，让 SIMETAW 模型生产未来气象数据，选择“Simulated”。SIMETAW 模型输出界面如图 5-2-5 所示。

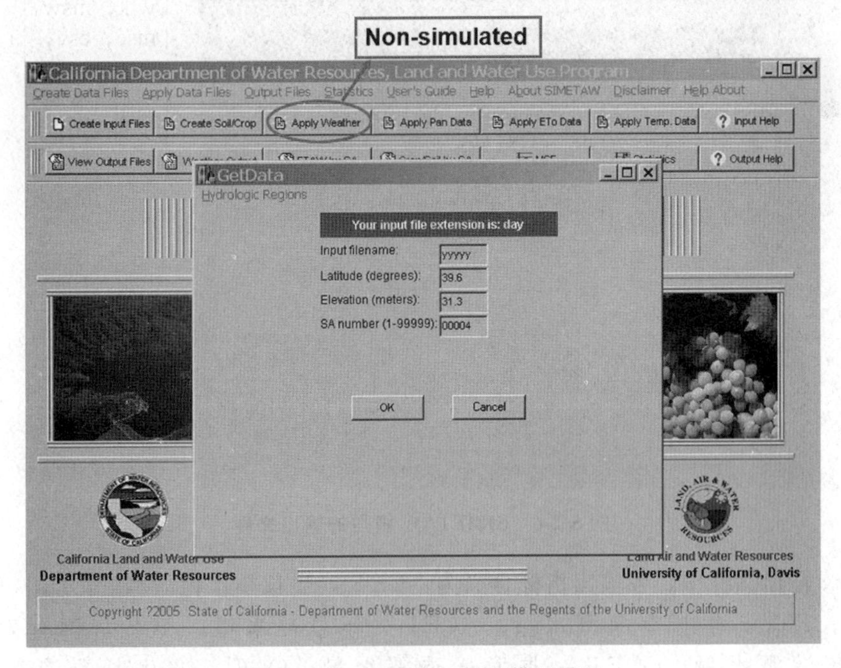

图 5-2-4　SIMETAW 模型模拟界面

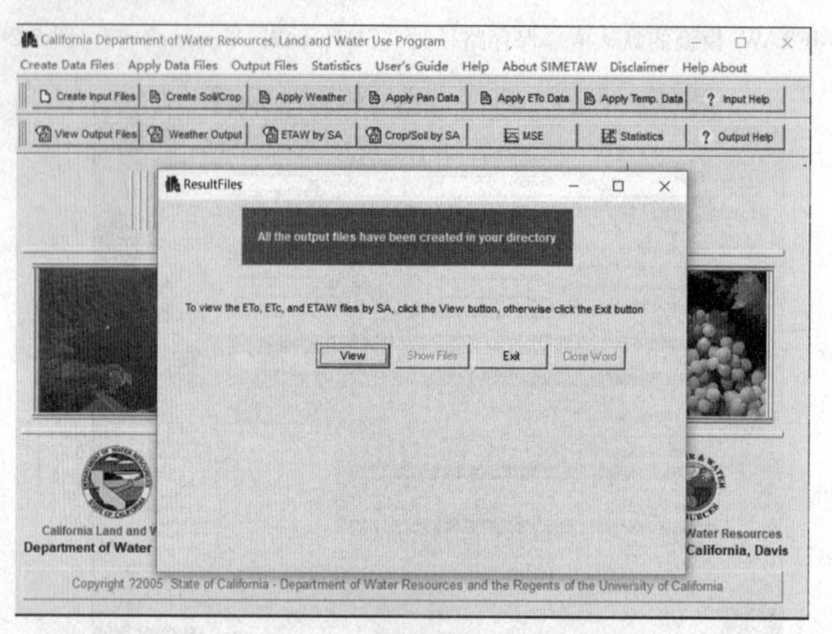

图 5-2-5 SIMETAW 模型输出界面

SIMETAW 模型可输出 6 种文件（图 5-2-6），分别为 wrk 文件：每年逐日气象数据和 ET_o；msw 文件：多年平均逐日气象数据和 ET_o；mse 文件：多年平均逐日作物需水量和 K_c 等；csv 文件：全年逐日作物蒸散量数据（总值）；mtv 文件：每月的作物蒸散量数据；eaw 文件：全年平均作物蒸散量数据。

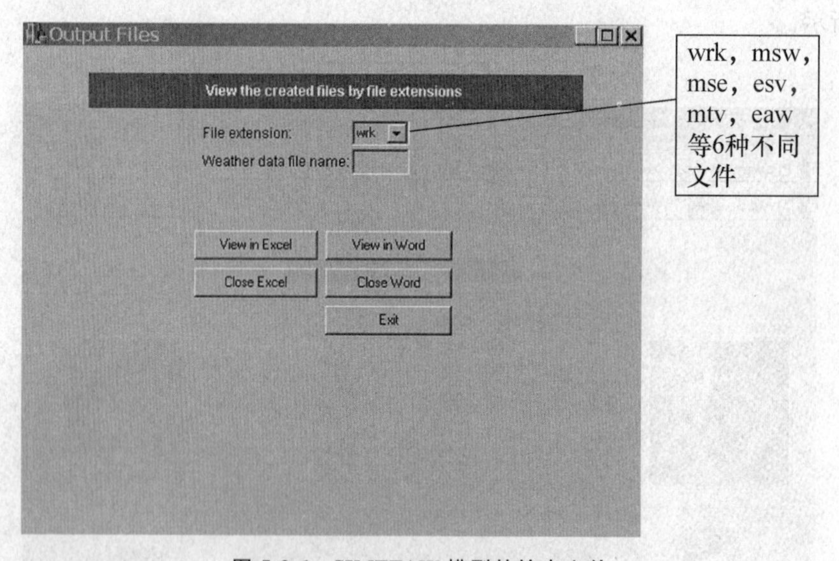

图 5-2-6 SIMETAW 模型的输出文件

在 eaw 输出文件中，各输出指标含义为：CET_c，生长季作物需水量；CE_r，生长季有效降水量；ET_{aw}，生长季灌溉水量；$ACET_c$，年总耗水量；ACE_r，年有效降水量；AET_{aw}，年灌溉水量；$OCET_c$，非生长季需水量；OCE_r，非生长季有效降雨量；$OCET_{aw}$，非生长季补充灌溉水量。

在 mtv 输出文件中，各输出指标含义为：ET_o，参考作物蒸散量（mm）；ET_c，作物需水量（mm）；Pcp，降雨量（mm）；E_r，有效降水量（mm）；ET_{aw}，生长季灌溉水量。

在 mse、csv 输出文件中，各输出指标含义为：OK_c，非生长季 K_c；ET_c，作物需水量（mm）；IK_c，生长季 K_c（mm）；Pcp，降雨量（mm）；ET_o，参考作物蒸散量（mm）；SWD，土壤水分损耗量（mm）；K_c，作物系数；SWD_x，最大土壤水分损耗量（mm）；FC，最大田间持水量（mm）；SWC，土壤含水量（mm）；PWP，永久萎蔫点（mm）；YTD，形成产量所需水分的最大损耗量（mm）。

六、结果统计与分析

1. 根据堂课讲解的内容，掌握 SIMETAW 模型的操作过程，并利用老师上课提供的案例数据进行 SIMETAW 模型所需气象数据的 CSV 格式整理。

2. 将整理的气象数据输入模型中，输出 6 个数据文件。

分析作物：冬小麦、夏玉米、春玉米、棉花。

气象站点：北京。

气象数据：2007 年、2008 年、2009 年。

数据分析：①若选择一年气象数据分析，请选择三种作物进行 ET_c、E_r、ET_{aw} 的数据分析。要求图文并茂，上交电子文档（Word 格式）；② 若选择多年气象数据分析，可选择一种作物 ET_c、E_r、ET_{aw} 的数据分析。要求图文并茂，上交电子文档（Word 格式）。

（杨晓琳）

5-3 作物模型系统与模拟

5-3-1 作物模型系统与模拟（上）

一、实验目的

（1）了解MATLAB中的数据拟合及回归分析技术。

（2）掌握作物系统中生长模型、产量性状关系模型的构建。

二、内容说明

本实验以统计上的回归分析方法为基础建立作物系统模型，要求掌握MATLAB中polyfit、rstool、nlinfit、regress和stepwise等5种回归分析的基本函数。

1. *多项式拟合*

[p，S]=polyfit(x，y，n)

给定一组实验数据（x_i，y_i）　$i=1, 2, \cdots, m$，找出自变量x和因变量y之间的函数关系$y=f(x)$。一般用最小二乘法分析，就是明确$f(x)$中的参数使$\sum_{i=1}^{m}(y_i-f(x_i))^2$达到最小。

预测和预测误差估计：

（1）Y=polyval(p，x)　求polyfit所得的回归多项式在x处的预测值Y；

（2）[Y，DELTA]=polyconf(p，x，S，α)　求polyfit所得的回归多项式在x处的预测值Y及预测值的显著性为$1-\alpha$的置信区间Y±DELTA；α缺省时的值为0.05。

x，y，Y，p为行向量；n为多项式次数；S为输出的信息矩阵，用于确定置信区间等。

2. *完全二次多项式回归*

rstool（x，y，'model'，alpha）

由下列4个模型中选择1个（用字符串输入，缺省时为线性模型）。

linear（线性）：　$y=\beta_0+\beta_1 x_1+\cdots+\beta_m x_m$

purequadratic（纯二次）：　$y=\beta_0+\beta_1 x_1+\cdots\beta_m x_m+\sum_{j=1}^{n}\beta_{jj}x_j^2$

interaction（交叉）：　　$y=\beta_0+\beta_1x_1+\cdots\beta_mx_m+\sum_{1\leqslant j\neq k\leqslant m}\beta_{jk}x_jx_k$

quadratic（完全二次）：　　$y=\beta_0+\beta_1x_1+\cdots\beta_mx_m+\sum_{1\leqslant j,\ k\leqslant m}\beta_{jk}x_jx_k$

x 为 n×m 维矩阵；y 为 n 维列向量。

rstool 是工具性的命令函数，有交互界面供用户操作。要获取分析结果信息，要在交互界面中点击“export”按钮，选择相应的结果输出量。

3. 任意函数拟合

nlinfit（x，y，‘model’，beta0）或 nlintool（x，y，‘model’，beta0，alpha）

nlintool 类似于 rstool。

nlinfit 的输入命令为：

[beta，r，J] =nlinfit（x，y，‘model’，beta0）

x，y 分别为 n×m 维矩阵和 n 维列向量，对一元非线性回归，x 为 n 维列向量；model 是事先用 m-程序文件定义的非线性函数；beta0 为回归系数的初始输入值。

beta 为估计出的回归系数；r 为残差；J 为 Jacobian 矩阵，用于确定置信区间。

预测和预测误差估计：

（1）[Y，DELTA]=nlpredci(‘model’，x，beta，r，J)

求 nlinfit 或 nlintool 所得的回归函数在 x 处的预测值 Y 及预测值的显著性为 1－alpha 的置信区间 Y ±DELTA。

（2）betaci =nlparci（beta，R，J）　确定 beta 置信区间的命令函数：

4. 线性回归分析

[b，bint，r，rint，stats] = regress(Y，X，alpha)

$$\boldsymbol{X}=\begin{bmatrix}1 & x_{11} & \cdots & x_{1m}\\ \vdots & & & \vdots\\ 1 & x_{n1} & \cdots & x_{nm}\end{bmatrix},\ \boldsymbol{Y}=\begin{bmatrix}y_1\\ \vdots\\ y_n\end{bmatrix}$$

b，bint 为回归系数 β_0，β_1，…，β_m 以及它们的置信区间；alpha 为显著水平，缺省值为 0.05。

r，rint 为残差向量 $\boldsymbol{e}=Y-\hat{Y}$ 及它们的置信区间；stats 为复相关系数平方 R^2、统计量 F 及其概率 p。

残差及其置信区间作图：rcoplot（r，rint）

复相关系数平方 R^2 越接近 1，说明回归方程越显著；$F>F_{1-\alpha}(k，n-k-1)$ 时，拒绝 H_0，F 越大，说明回归方程越显著；与 F 对应的概率 $p<\alpha$ 时，拒绝 H_0，回归关系成立。

5. 逐步回归分析

stepwise（X，y，inmodel，alpha）

交互式界面函数，用户可人工操作选择合适的模型变量。要获取结果信息，须在交互界面中点击“export”按钮，选择相应的结果输出量。操作过程：

（1）输入数据。将因变量数据按列向量 y 输入；将自变量数据按矩阵 X 表格顺序输入。

（2）确定初始自变量集合 inmodel，缺省则包含所有自变量。

（3）确定置信水平 alpha，缺省值为 0.05。

(4) 执行命令 stepwise (X, y, inmodel, alpha)。

三、实验原理

(1) 在作物系统分析中，模型建立是关键过程，也是我们提升实际田间试验结果的关键方法。理论上，田间试验的数据资料都要用模型的方法分析处理。

(2) 农学数据的一个最重要特征是不确定性，统计方法是处理这类数据的基本方法。回归分析方法作为一种基本统计方法，是建立作物模型的基本工具。它是一种参数估计方法，以最小二乘法为基础，同时要用适当的统计理论方法对模型及参数进行显著性检验，还要进一步对模型应用时的误差（置信区间）进行估计。

四、实验案例

(1) 观测物体降落的距离 s 与时间 t 的关系，得到的数据见表 5-3-1-1，用 polyfit 函数求 s 关于 t 的回归方程 $\hat{s}=a+bt+ct^2$。

表 5-3-1-1　s 与 t 观测数据

t/s	1/30	2/30	3/30	4/30	5/30	6/30	7/30
s/cm	11.86	15.67	20.60	26.69	33.71	41.93	51.13
t/s	8/30	9/30	10/30	11/30	12/30	13/30	14/30
s/cm	61.49	72.90	85.44	99.08	113.77	129.54	146.48

步骤一　直接用 polyfit 作二次多项式回归，在命令窗口输入：

```
t=1/30：1/30：14/30；
s=[11.86 15.67 20.60 26.69 33.71 41.93 51.13 61.49 72.90 85.44 99.08 113.77 129.54 146.48]；
[p，S]=polyfit(t，s，2)
```

得系数 p，建立回归模型为：$\hat{s}=489.2946t^2+65.8896t+9.1329$

步骤二　预测及作图，在命令窗口输入：

```
Y=polyconf(p，t，s')；
plot(t，s，'k+'，t，Y，'r')
```

(2) 用 rstool 对下述问题进行回归分析。

设某商品的需求量与消费者的平均收入、商品价格的统计数据如表 5-3-1-2 所示，建立回归模型，预测平均收入为 1 000 元、商品价格为 6 元时的商品需求量。

表 5-3-1-2　需求量、消费者的平均收入与商品价格统计数据

需求量	100	75	80	70	50	65	90	100	110	60
平均收入/元	1 000	600	1 200	500	300	400	1 300	1 100	1 300	300
商品价格/元	5	7	6	6	8	7	5	4	3	9

步骤一　直接用多元二项式回归，命令窗口输入：

```
x1= [1000 600 1200 500 300 400 1300 1100 1300 300]；
x2= [5 7 6 6 8 7 5 4 3 9]；
```

y= [100 75 80 70 50 65 90 100 110 60]';

x= [x1' x2'];

rstool (x, y, 'purequadratic')

运行结果出现以下交互式界面（图 5-3-1-1）：

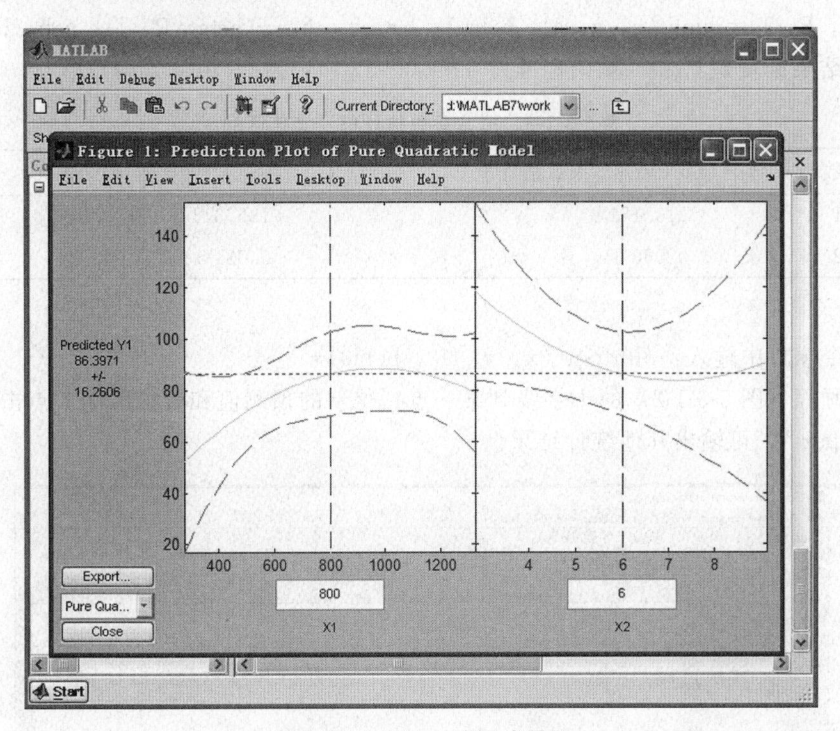

图 5-3-1-1　rstool 交互式界面

步骤二　先在交互式窗口点击 export，确定变量 beta 和 rmse；再在 Matlab 命令窗口输入变量 beta，rmse，即出现结果：

```
beta =110.5313
        0.1464
        -26.5709
        -0.0001
        1.8475
rmse=4.5362
```

故回归模型为：$y=110.5313+0.1464x_1-26.5709x_2-0.0001x_1^2+1.8475x_2^2$

剩余标准差为 4.536 2，不到需求量均值的 10%，说明此回归模型的拟合性较好。

(3) x=[0.02 0.06 0.11 0.22 0.56 1.10]，y=[67 103 131 154 196 203]。用 nlinfit/nlintool 拟合一元非线性函数 $y=\frac{\beta_1 x}{\beta_2+x}$。

解法一

步骤一　先用 Matlab 程序编辑器建立非线性函数的 m 文件（f1. m）：

```
function  y=f1(beta, x)
y=beta(1) * x./(beta(2)+x);
```

将程序保存到名为 f1. m 的文件。

步骤二　建立并保存好文件 f1. m 后，在命令窗口中输入：

x=[0. 02 0. 06 0. 11 0. 22 0. 56 1. 10]′;

y=[67 103 131 154 196 203]′;　beta0=[195. 8027　0. 04841];

[beta，R，J]=nlinfit(x，y,′f1′，beta0)；betaci=nlparci(beta，R，J)；beta，betaci

拟合结果见表 5-3-1-3（剩余标准差 s= 10. 933 7)：

表 5-3-1-3　拟合参数估计值及置信区间

参数	参数估计值	置信区间
b1	210. 181 6	[185. 311 8　235. 051 5]
b2	0. 060 2	[0. 031 5　0. 088 9]

解法二

在命令窗口中输入：nlintool（x，y,′f1′，beta0)

拖动画面（图 5-3-1-2）的十字线到某一点，得 y 的预测值和置信区间。点击界面左下方的“Export”，可输出其他统计结果。

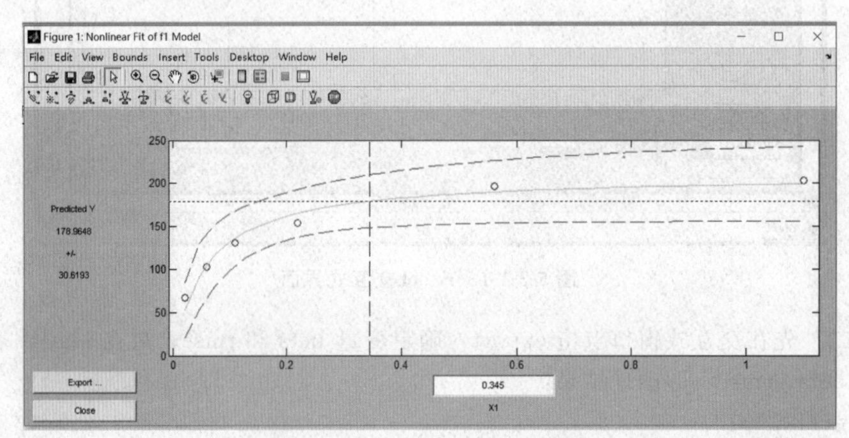

图 5-3-1-2　nlintool 交互式界面

beta0 的选择很重要，要利用数据和经验初步进行模型分析，估计出合理的初值。

（4）利用 regress 分析下列样本数据，建立线性回归方程：

x1=[5. 5 2. 5 8. 0 3. 0 3. 0 2. 9 8. 0 9. 0 4. 0 6. 5 5. 5 5. 0 6. 0 5. 0 3. 5 8. 0 6. 0 4. 0 7. 5 7. 0];

x2=[31 55 67 50 38 71 30 56 42 73 60 44 50 39 55 70 40 50 62 59];

x3=[10 8 12 7 8 12 12 5 8 5 11 12 6 10 10 6 11 11 9 9];

x4=[8 6 9 16 15 17 8 10 4 16 7 12 6 4 4 14 6 8 13 11];

y=[79. 3 200. 1 163. 2 200. 1 146. 0 177. 7 30. 9 291. 9 160. 0 339. 4 159. 6 86. 3 237. 5 107. 2 155. 0 201. 4 100. 2 135. 8 223. 3 195. 0]

解法

在命令窗口输入：

x1=[5. 5 2. 5 8. 0 3. 0 3. 0 2. 9 8. 0 9. 0 4. 0 6. 5 5. 5 5. 0 6. 0 5. 0 3. 5 8. 0 6. 0 4. 0 7. 5 7. 0]′;

x2=[31 55 67 50 38 71 30 56 42 73 60 44 50 39 55 70 40 50 62 59]′;

x3=[10 8 12 7 8 12 12 5 8 5 11 12 6 10 10 6 11 11 9 9]′;

x4=[8 6 9 16 15 17 8 10 4 16 7 12 6 4 4 14 6 8 13 11]′;

y=[79.3 200.1 163.2 200.1 146.0 177.7 30.9 291.9 160.0 339.4 159.6 86.3 237.5 107.2 155.0 201.4 100.2 135.8 223.3 195.0]′;

X=[ones (size (x1)), x1, x2, x3, x4];

[b, bint, r, rint, stats] =regress (y, X) , pause

rcoplot (r, rint)

得结果如下：　b =　191.915 8　−0.771 9　3.172 5　−19.681 1　−0.450 1

　　　　　　　　　β_0　　β_1　　β_2　　β_3　　β_4

bint =　103.107 1　280.724 5……（系数的置信区间）

r =[　−6.304 5　−4.221 5 ……8.442 2　23.462 5　3.393 8]

rint=（略）

stats =　0.903 4（R^2）　35.050 9（F）　0.000 0（p）

（5）用逐步回归方法 stepwise 求解上例。

解法

在命令窗口输入：

x1= [5.5 2.5 8.0 3.0 3.0 2.9 8.0 9.0 4.0 6.5 5.5 5.0 6.0 5.0 3.5 8.0 6.0 4.0 7.5 7.0] ';

x2= [31 55 67 50 38 71 30 56 42 73 60 44 50 39 55 70 40 50 62 59] ';

x3= [10 8 12 7 8 12 12 5 8 5 11 12 6 10 10 6 11 11 9 9] ';

x4= [8 6 9 16 15 17 8 10 4 16 7 12 6 4 4 14 6 8 13 11] ';

y= [79.3 200.1 163.2 200.1 146.0 177.7 30.9 291.9 160.0 339.4 159.6 86.3 237.5 107.2 155.0 201.4 100.2 135.8 223.3 195.0] ';

X= [x1, x2, x3, x4];

stepwise (X, y, [1, 2, 3])

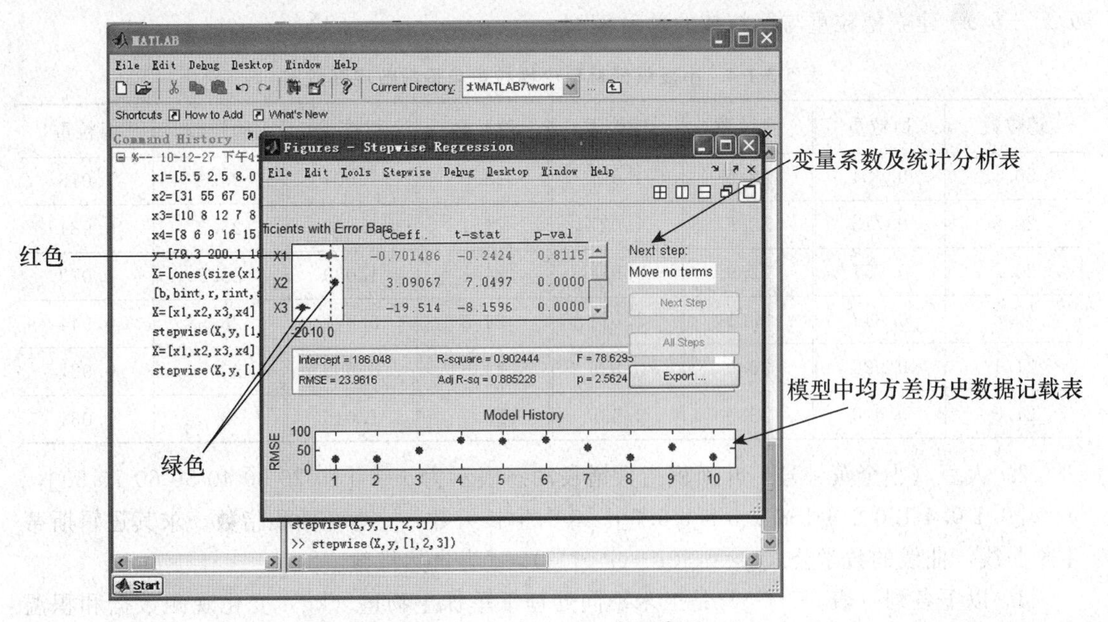

图 5-3-1-3　stepwise 交互窗口

注：在交互窗口（图 5-3-1-3）中，红色表明从模型中移去的变量；绿色表明存在模型中的变量。用户可点击变量对应的圆点，“选择/移去”模型中的变量。

通过变量的“选择/移去”操作，对 RMSE 值的大小对比，得最佳回归方程如下：

$y=186.11+3.09x_2-19.5176x_3$

stats1：　0.902 5　78.638 1　0

$y=189.72-0.7048x_1+3.1066x_2-19.584x_3$

stats2：　0.902 8　49.544 3　0

$y=187.882+3.149x_2-19.605x_3-0.4173x_4$

stats3：　0.902 9　49.61　0

五、实验步骤

(1) 准备实验或观测数据，明确自变量和因变量。

(2) 提出假说，明确模型形式及参数。

(3) 应用 MATLAB 回归分析函数进行数据处理分析。输入因变量 y 的数据，自变量 x 的数据；对非线性回归要提供初始参数值，初始参数可根据经验或模型结构和数据资料分析估计得出。

(4) 对非线性回归还要定义非线性模型函数，编辑函数的 m 程序文件。

(5) 分析回归分析结果、参数值、统计检验结果；进行误差分析。

(6) 若结果不满意，可调整初始值，继续调用函数求解。

六、实验操作练习

仿照实验案例，编写下列各题的 MATLAB 命令语句，并运行。

1. 表 5-3-1-4 中的数据是小麦供试材料中的穗粒性状，请用多项式 $y=b_0+b_1x+b_2x^2+b_3x^3$ 建立穗粒重与穗粒数的关系模型。

表 5-3-1-4　小麦供试材料中穗粒重与穗粒数观测数据

穗粒数	穗粒重	穗粒数	穗粒重	穗粒数	穗粒重	穗粒数	穗粒重
20.1	0.684	22.5	1.027	23.9	1.004	25.3	1.018
20.2	0.715	22.6	1.027	24.1	1.002	25.3	0.981
20.2	0.751	22.9	0.938	24.1	1.039	25.7	1.073
20.8	0.842	23.1	1.021	24.3	0.941	26.5	0.944
21.1	0.925	23.9	0.929	24.8	0.902	30.5	0.927
21.5	0.676	23.9	0.935	25.2	1.015	33	1.031

2. 大豆（小金黄一号）叶面积指数增长动态表示为 $x=$ [10 20 30 40 50 60 70 80]，$y=$ [0.1 0.4 1.0 2.4 4.6 5.3 5.5 5.6]。x 为生长天数，y 为叶面积指数。求其逻辑斯蒂生长曲线，曲线的数学公式 $y=c/(1+e^{(a-bx)})$，e 为自然指数。

3. 以下各列（表 5-3-1-5）是玉米不同处理下单株生物量（kg）变化观测数据和积温（玉米各生育期），求各处理生物量随积温值变化的生长曲线（逻辑斯蒂曲线）。

表 5-3-1-5　玉米不同处理下单株生物量（kg）变化观测数据

处理 1	处理 2	处理 3	处理 4	处理 5	处理 6	处理 7	处理 8	处理 9	积温/℃	生育期
0.008 325	0.008 365	0.007 708	0.007 93	0.007 647	0.008 782	0.007 398	0.008 775	0.008 033	723.9	拔节
0.085 463	0.084 498	0.085 728	0.064 288	0.073 81	0.078 958	0.077 772	0.067 355	0.078 797	1 191	大口
0.146 21	0.166 618	0.152 69	0.128 745	0.139 746	0.161 761	0.143 888	0.122 631	0.154 743	1 565	吐丝
0.291 148	0.310 729	0.297 627	0.296 131	0.298 451	0.298 939	0.226 985	0.246	0.248 619	2 303	灌浆中期
0.376 743	0.371 157	0.383 315	0.320 45	0.311 881	0.311 727	0.278 841	0.297 26	0.282 76	2 937.8	成熟

4. 用多元二项式回归建立冬小麦冬前茎与基本苗、冬前生物量等关系模型。数据见“作物生产系统试验 B. xls”文件中的“rstool”表（电子教案获取方法，E-mail：sergzzl@cau. edu. cn），并用多元线性回归分析方法试试。

5. 用逐步回归建立冬小麦冬前茎与基本苗、冬前生物量等的关系模型。数据见“作物生产系统试验 B. xls”文件中的“stepwise”表（电子教案获取方法同上）。

（廖树华）

5-3-2 作物模型系统与模拟（下）

一、实验目的

（1）掌握作物生产系统随机事件的模拟方法；

（2）掌握作物生长过程模拟的基本方法。

二、内容说明

Monte Carlo 方法，rand（m，n），unifrnd（a，b）、exprnd（l，m，n）等几种重要的分布函数；随机模拟程序编辑与使用（例 simu4. m，serve. m）。

Simulink：Commonly Used Blocks，Continuous，Math Operations，Discontinuous，Signals Routing，Sinks，Sources 等模块库中常见函数的使用及对应参数值的设置。

三、实验原理

1. 随机模拟（Monte Carlo 方法，基本随机变量应用）

通过概率模型，进行模拟-统计试验，即多次随机抽样试验（确定 m 和 n），统计出某事件发生的百分比，所求问题的解正好是该模型的参数或其他有关的特征量。只要试验次数很多，该百分比便近似于事件发生的概率。根据统计特征量掌握系统的性能。

2. 连续系统模拟（SIMULINK）

根据系统动态学原理构建系统动态方程，利用数值积分方法求解系统动态方程。

四、实验案例

1. 案例一

1777 年法国科学家蒲丰提出的一种计算圆周率 π 的方法——随机投针法，即著名的蒲丰投针问题。这一方法的步骤如下。

（1）取一张白纸，在上面画上许多条间距为 d 的平行线。蒲丰投针示意图见图 5-3-2-1。

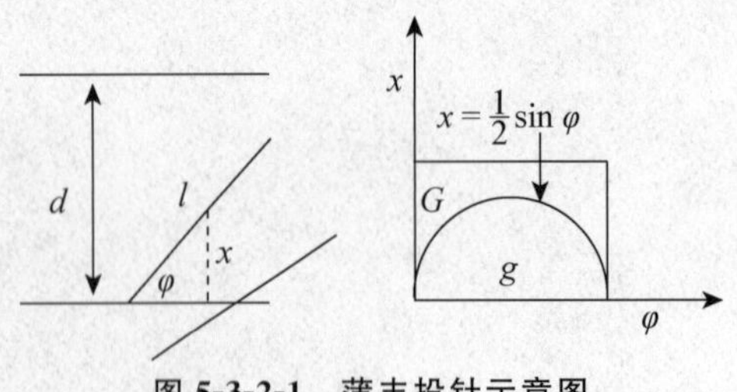

图 5-3-2-1 蒲丰投针示意图

（2）取一根长度为 l（$l<d$）的针，随机地向画有平行直线的纸上掷 n 次，观察针与直线相交的次数，记为 m。

（3）计算针与直线相交的概率。

针与平行线相交的充要条件是 $x \leqslant \frac{1}{2}\sin\varphi$，其中 $0 \leqslant x \leqslant \frac{d}{2}$，$0 \leqslant \varphi \leqslant \pi$

$$p = \frac{g\text{ 的面积}}{G\text{ 的面积}} = \frac{2\int_0^{\pi} \sin\varphi \mathrm{d}\varphi}{\frac{d}{2}\pi} = \frac{2l}{\pi d}$$

(4) 经统计试验估计出概率：$p \approx \frac{m}{n}$，$\frac{m}{n} = \frac{2l}{\pi d} \Rightarrow \pi = ?$

设 x 是一个随机变量，它服从区间 $[0, d/2]$ 上的均匀分布。设 φ 是一个随机变量，它服从区间 $[0, \pi]$ 上的均匀分布。进行 n 次抽样，得到样本值 (x_i, φ_i)，统计出满足针与平行线相交条件的次数 $m(m<n)$，程序（simu4. m）如下：

```
l=1；
d=2；
m=0；
for k=1：n
   x=unifrnd (0, d/2)；
   p=unifrnd (0, pi)；
   if   x<0.5 * l * sin (p)
          m=m+1；
        else
        end
     end
p=m/n；
pi_m=1/p
```

在命令窗口输入：n=1 000；simu4

按“Enter”键后即得模拟结果。

2. 案例二

单服务排队系统见图 5-3-2-2，x_i、c_i 分别为顾客 i 到达、离开的时刻。假定顾客到达的间隔时间服从指数分布（均值为 10 min），每个顾客的服务时间服从均匀分布 U[10，15]，排队规则是先到先服务，只有一个服务机构。模拟分析该服务系统中顾客平均等待时间。

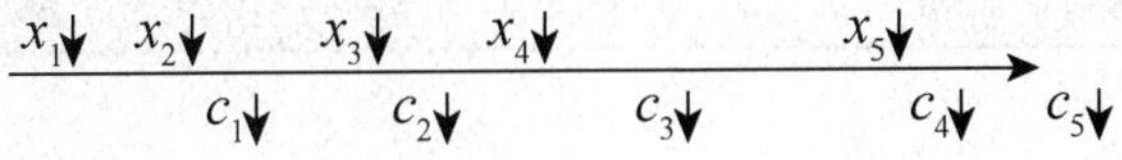

x_1 x_2 x_3 x_4 x_5

c_1 c_2 c_3 c_4 c_5

图 5-3-2-2　单服务排队系统示意图

模拟程序（serve. m）如下：

```
    function meantime=serve(n)
x=zeros(1, n)；c=zeros(1, n)；
for i=2：n
```

```
    x(i)=x(i-1)+exprnd(10);
end
wait=zeros(1, n);
for i=1: n
    if(i==1)
      wait(i) =0;
   else
      servetime=unifrnd(10, 15);
c(i-1)= x(i-1) +servetime+wait(i-1);
   if(c(i-1) >x(i))
           wait(i) =c(i-1)-x(i);
     else
           wait(i) =0;
        end
   end
end
meantime=mean(wait);
```

在命令窗口输入：serve(1 000)

按“Enter”键后即得模拟结果。

3. 案例三

设计一个简单的模型，其功能是将一正弦信号输出到示波器中。

涉及的 Simulink 模块选择及参数设置见表 5-3-2-1。

表 5-3-2-1　正弦函数模拟 Simulink 模型选择及参数设置

Library	Model	Parameters
Sinks	Scope	—
Math operations	Sine Wave Function	—

在 Simulink 操作界面中新建窗口（图 5-3-2-3）：

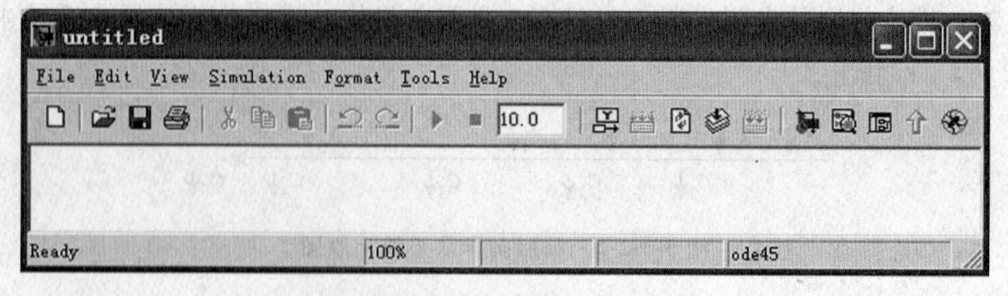

图 5-3-2-3　“新建窗口”界面

在模块库（Library）选择相应的模块（Model），并拖入新建的窗口（图 5-3-2-4）：

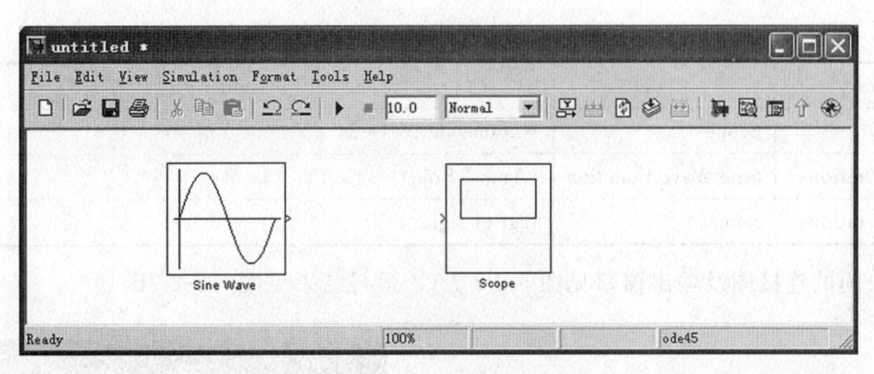

图 5-3-2-4　拖入模块后的界面

设置模块的相关参数值，连接模块间的输出、输入端“>”的线（图 5-3-2-5）：

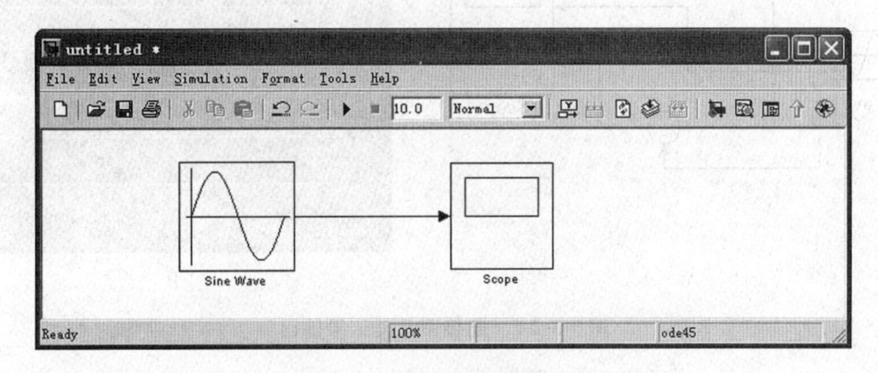

图 5-3-2-5　模块连接后的界面

设置运行参数，运行得到模拟结果。双击输出模块“Scope”即出现结果显示窗口（图 5-3-2-6）：

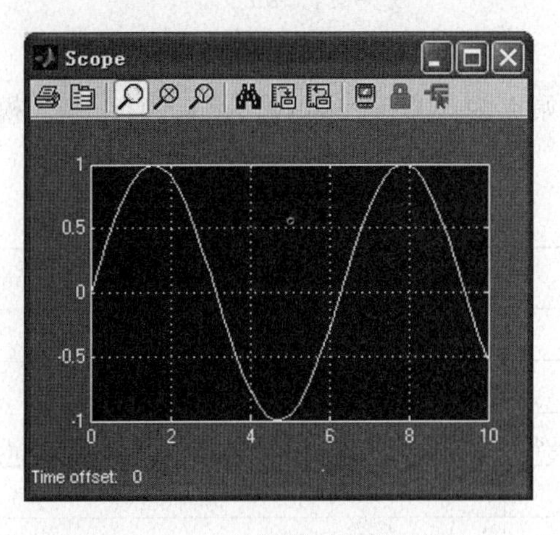

图 5-3-2-6　运行得到的模拟结果

4. 案例四

仿真计算 $y(t)=\sin(t)-\sin(2t)$

选择的模块及参数设置值如表 5-3-2-2 所示。

表 5-3-2-2　模块选择及参数设置

Library	Model	Parameters
Sinks	Scope	Number of axes＝3，(Ymin，Ymax)＝(－1，1)；(－2，2)
Math operations	Sine Wave Function	(Amp，Freq)＝(1，1)；(1，2)
Math operations	Sum	List of signs＝＋－

模块间的连接图及输出窗口见图 5-3-2-7A，运行结果见图 5-3-2-7B。

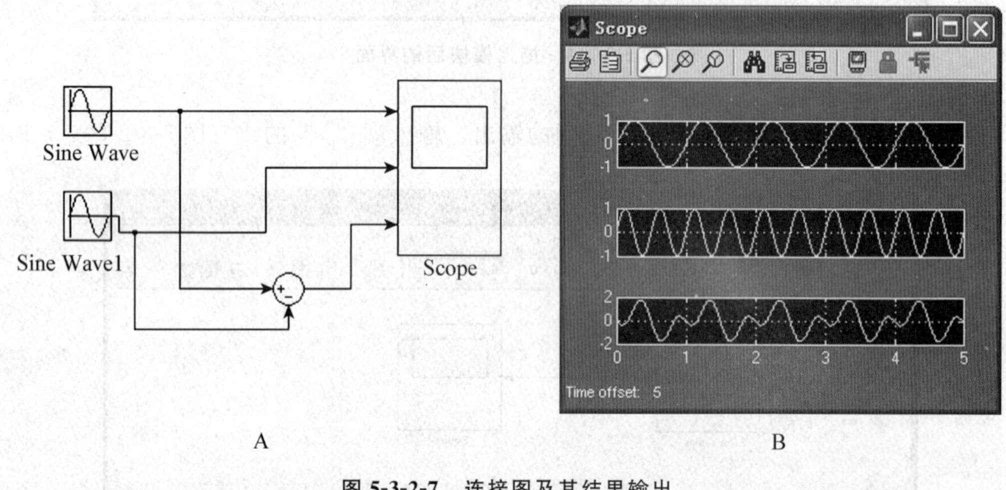

图 5-3-2-7　连接图及其结果输出

5. 案例五

模拟由下述微分方程描述的动态系统，观察其系统的演化过程：

$$x_1' = -(x_2 + x_3)$$

$$x_2' = x_1 + a x_2$$

$$x_3' = b + x_3(x_1 - c)$$

a＝b＝0.2，c＝5.7；初始点为 $x_1(0) = x_2(0) = x_3(0) = 1$。模块选择及参数设置见表 5-3-2-3。

表 5-3-2-3　模块选择及参数设置

Library	Model	Model and Main Parameters Set
Sinks	Scope	(Ymin，Ymax)＝(－5，5)
Continuous	Integrator	—
Sinks	To Workspace	(State Variable，Time) Variable name＝(x，t)；　Save format＝Array
Signal Routing	Mux	Number of inputs＝3
Math operations	Dot Product	
Sources	Constant	(a，b，c) Constant Value＝(0.2，0.2，5.7)
Sources	Clock	Decimation＝10
Math operations	Sum	Icon shape＝rectangular

方程数值求解模块及连接图如图 5-3-2-8 所示。设置模拟参数：100 seconds of simulation，automatic step size，Adams method。运行后在 MATLAB 命令窗口输入：

comet3(x(:,1),x(:,2),x(:,3))

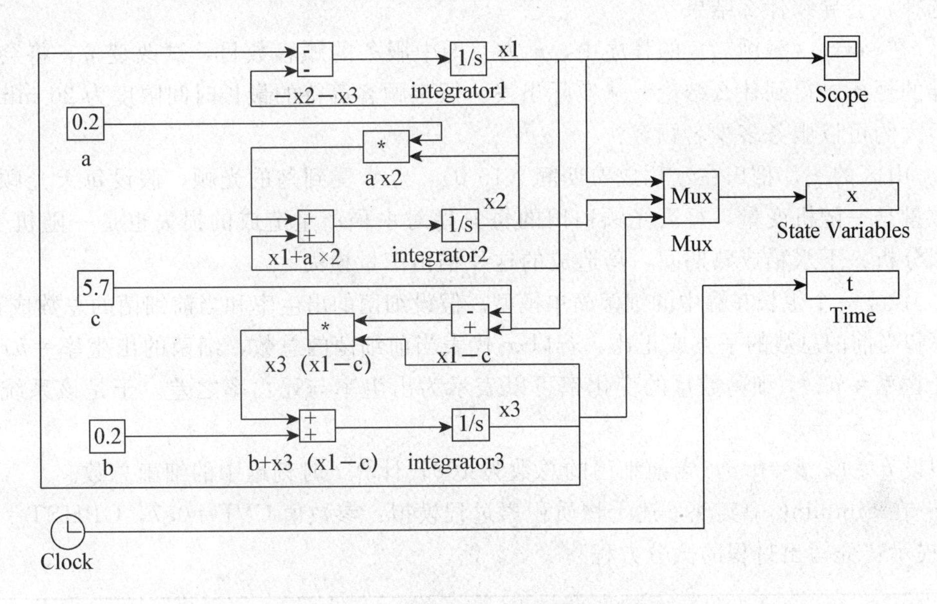

图 5-3-2-8　方程数值求解模块及连接图

出现系统状态量 x1、x2、x3 间的三维图形。命令窗口输入：x

即可显示状态变量 x1、x2、x3 的模拟值。

五、实验步骤

1. 随机模拟

（1）调查并收集和处理数据，假定模拟对象服从的相关分布函数。

（2）构造模拟模型，确定输入因素和模拟规则。

（3）编制程序，模拟实验，设置模拟时钟及总的运行要求和推进原则（按下次事件推进或均匀间隔推进）。

（4）统计模拟结果。

2. Simulink

（1）新建一个模型窗口。

（2）为模型添加所需模块，修改模块参数。

（3）连接相关模块，构成所需要的系统模型。

（4）输入初始值，设置模拟参数，进行系统仿真。

（5）观察仿真结果。

关于 Simulink 使用、模块操作及运行参数设置方面内容，请参考 MATLAB 软件联机帮助或本实验提供的电子教案（获取方法：E-mail，sergzzl@cau. edu. cn）。

六、实验操作练习

1. 在 simu4（案例一）的程序中任意调整 n 的取值，会发现什么规律？参数 l、d 的不同选择，会导致什么结果？

2. 在 serve（案例二）的程序中，n 为一天中服务的顾客数目，试改变 n，将会发现什么样的规律？得到什么结论？从实际出发，假定顾客等待的最长时间限度为 20 min，估计一天大约可以服务多少名顾客？

3. 山区的一片稻田在水稻成熟期间（15 d），经常受到鸟的光顾，假设每天光顾稻田鸟的数量是一随机变量，每天光顾稻田的每只鸟对水稻产量造成的损失也是一随机变量。请模拟分析一下水稻成熟期间，鸟造成的这片稻田产量损失。

4. 设立一个生长在罐中的细菌简单模型。假设细菌的出生率和当前细菌的总数成正比，死亡率和当前的总数的平方成正比。若以 x 代表当前细菌的总数，细菌的出生率$=bx$，细菌的死亡率$=px^2$，细菌数量的变化率可以表示为出生率与死亡率之差。于是该系统可以表示为 $x'=bx-px^2$。

假设 $b=1$，$p=0.5$，当前细菌的总数为 100，计算 t 时刻罐中的细菌总数。

5. 在 Simulink 中实现下述干物质积累过程模拟：参数值 CVF＝0.7，GPHST＝400。（提示：先写出过程的微分方程）

TITLE DRY MATTER PRODUCTION	每天干物质生产
$GPHOT_I = GPHST * (1.-EXP(0.7 * LAI_I))$	实际光合与总光合、叶面积指数方程
$MAINT_I = (WSH_I + WRT_I) * 0.015$	维持呼吸是每日总干重的 1.5%
$GTW_I = (GPHOT_I - MAINT_I) * CVF$	净干重＝(实际光合－维持呼吸）×转化系数
$GSH_I = 0.7 * GTW_I$	茎生长，茎生长速率（GSH_I）＝0.7 净干重
$GRT_I = 0.3 * GTW_I$	根生长，根生长速率（GRT_I）＝0.3 净干重
$WSH_I = WSH_{I-1} + GSH_I$	茎干重的积累
$WRT_I = WRT_{I-1} + GRT_I$	根干重的积累
$TWT_I = WSH_{I-1} + WRT_I$	总干重＝茎干重＋根干重
$LAI_I = WSH_I/500$	叶面积指数与茎干重成正比，最大为 5

（廖树华）

参考文献

1. 蒲俊，吉家锋，伊良忠. MATLAB6.0 数学手册. 上海：浦东电子出版社，2009.

2. 李工农. 运筹学基础及其 MATLAB 应用. 北京：清华大学出版社，2016.

3. 龚妙昆. 现代控制引论教程：Matlab 辅助实验. 上海：华东师范大学出版社，2006.

5. Snyder R L，Geng S，Orang M，et al. Calculation and simulation of evapotranspiration of applied water. Journal of Integrative Agriculture，2012 (11)：489－501. https：//doi. org/10. 1016/S2095－3119 (12) 60035－5.

6. Snyder R L，Geng S，Orang M N，et al. A simulation model for ET of applied water. Acta Horticulturae，2004，(664)：623－629. https：//doi. org/10. 17660/ActaHortic. 2004. 664. 78.

7. Yang X L，Gao W S，Shi Q H，et al. Impact of climate change on the water requirement of summer maize in the Huang-Huai-Hai farming region. Agricultural Water Management，2013，124：20－27. https：//doi. org/10. 1016/j. agwat. 2013. 03. 017.

8. Mancosu N，Spano D，Orang M，et al. SIMETAW #-a model for agricultural water demand planning. Water Rtsources Management，2016，30 (2)：541－557. https：//doi. org/10. 1007/s11269－015－1176－7.

9. 李振华. 数理统计在化学中的应用. http：//ishare. iask. sina. com. cn/f/1RzkP11p3VFH. html.

10. 数学实验之回归方程. https：//max. book118. com/html/2012/0521/1955717. shtm.

11. 欧宜贵，李志林，洪世煌. 计算机模拟在数学建模中的应用. 海南大学学报自然科学版，2004，22 (1)：89－95.

12. MATLAB 模拟银行单服务台排队模型. http：//ishare. iask. sina. com. cn/f/DAu3da2hQA9. html.

13. 赵静，但琦. 数学建模与数学实验. 4 版. 北京：高等教育出版社，2014.

14. 罗建军，杨琦. 精讲多练 MATLAB. 2 版. 西安：西安交通大学出版社，2010.

15. 李晓磊. SIMULINK 仿真基础. http：//ishare. iask. sina. com. cn/f/12267679. html.